BURKHARD
STÖCKER

Altersansprache des Schalenwilds

KOSMOS

☞ *Inhalt*

JUNG, MITTELALT, ALT

Ansprechen von Schalenwild

GESAMTERSCHEINUNG – SUMME DER MERKMALE

Beim Ansprechen von Schalenwild müssen stets zahlreiche Merkmale und Umstände vom aufmerksamen Jäger beachtet werden.

Erscheinungsbild, Verhalten, Umstände, im Regen sehen die Stücke anders aus als im Sonnenschein, im Sommer anders als zur Brunft, im Frühwinter oft anders als im Spätwinter, zuweilen morgens anders als abends, gelegentlich wirken Junge alt und Alte jung. Die Einzelmerkmale, auf die in den folgenden Kapiteln zu den jeweiligen Schalenwildarten eingegangen wird, sind wichtig – keine Frage! Doch erst die Summe aller Einzelmerkmale ergibt ein solides Gesamtbild beim Ansprechen. Wenn ein einzelnes Kriterium beispielsweise bei einem Hirsch auf „reif und alt" hindeutet, sollte die Kugel jedoch keinesfalls gleich auf den Weg gebracht werden. Wie häufig ist gerade bei der Jagd auf einen reifen Trophäenträger der Wunsch auch Vater des Ansprechens!
Die Summe der Merkmale plus Bewegung und Verhalten muss letztlich immer den Ausschlag geben – das gilt für die Ansprache allen Wildes in der freien Wildbahn!

Verhalten, Erscheinung, Umstände – Ansprechen ist immer ein „Gesamtkunstwerk".

Für jeden Jäger sollte deshalb gelten: Schauen, schauen, schauen – vergleichen, vergleichen, vergleichen! Je mehr der Jäger von den anzusprechenden Wildarten sieht, je mehr er über sie weiß, je vielfältiger die Umstände, unter denen er sie beobachtet hat – desto eher vermag er die Situation richtig einzuschätzen, das Wild richtig anzusprechen und am Ende die richtige Entscheidung zu treffen. Während meiner „jagdlichen Lehrjahre" sagte ein Forstamtsleiter nach dem Fehlabschuss einer nichtführenden Überläuferbache (die er jedoch nicht freigegeben hatte): „Üben, üben, üben." Das war zwar damals sehr von oben herab – aber natürlich hatte er recht!

JEDE GELEGENHEIT NUTZEN

Nutzen Sie deshalb jede Gelegenheit, um sich die zu bejagende Wildart anzusehen. Scheuen Sie auch nicht, sich einfach mal einen Tag in einem Wildpark mit den Tieren zu beschäftigen und den ein oder anderen Alterstipp abzugeben. In etlichen Wildparks ist beispielsweise von jedem einzelnen Tier das Alter bekannt. Falls man die Chance hat, dieses beim Wildparkpersonal zu erfragen, hat man als Jäger die nahezu einmalige Chance, seine Schätzung zu überprüfen. Die Erkenntnisse dabei sind häufig sehr hilfreich!
Oft sind allerdings beispielsweise Gatterhirsche oder Gattersauen aufgrund des „Rundum-sorglos-Paketes" im Wildpark körperlich deutlich stärker entwickelt als in freier Wildbahn. Das muss bei den Stücken aus dem Wildpark dringend berücksichtigt werden.

TYPISCH SÄUGER!

Bei der Altersansprache von Schalenwild ist es im Grunde nicht anders wie im täglichen Leben: Auch bei unserer eigenen Art üben wir uns ja häufig darin, jemanden auf sein Alter zu schätzen. Die Altersmerkmale sind prinzipiell beim Schalenwild (sind ja schließlich auch Säuger) nicht gänzlich anders als bei unserer eigenen Spezies – dem Menschen. Bei uns und beim Wild ist es so: Ganz junge und jugendliche Individuen sowie sehr alte Vertreter der jeweiligen Art sind in der Regel leicht zu erkennen. Der große Teil im mittleren Bereich der Alterspyramide ist dagegen deutlich schwieriger in Bezug auf das Alter zu taxieren.

DIE ANSPRECHPÄPSTE

„Wer weiß, dass er nichts weiß, weiß mehr als der, der nicht weiß, dass er nichts weiß." Glauben Sie den „Päpsten", die behaupten, sie können das Alter eines Stückes auf das Jahr genau erkennen, kein Wort! Es sei denn, der „Papst" kennt diesen oder jenen Hirsch beziehungsweise Rehbock „persönlich" schon über mehrere Jahre. Dann lässt sich das Alter in der Regel recht genau eingrenzen. Auf das Jahr genau ist dies allerdings auch nur dann möglich, wenn das Stück vom ersten Lebensjahr an bekannt und zweifelsfrei wiedererkannt wird. Stimmt es in allen anderen Fällen dann zufällig doch: Weidmannsheil, Glück gehabt! Das im Brustton der Überzeugung exakte Alter vor der Erlegung zu äußern, ist meist aber kaum mehr als des hochnäsigen Weidmanns Silberrücken-Gehabe, auf das man meist guten Gewissens verzichten kann!

Wenn ich ein Stück von Geburt an kenne, weiß ich, wie alt es ist!

SELEKTIONSABSCHUSS, WAHLABSCHUSS

Wenn wir in freier Wildbahn jagen, sollten wir unseren Einfluss in Bezug auf die Güte und „Verbesserung" des Wildbestandes keinesfalls überschätzen! In freier Wildbahn „züchterische Wohltaten" verbreiten zu wollen, ist schlichtweg Blödsinn.

Andererseits sollten wir Jäger jedoch sehr wohl aufpassen, dass wir durch unsere Auslesekriterien nach menschlichem Maß die Populationen nicht in eine Richtung drängen, die für die Wildtiere eher schädlich als förderlich ist. Ersteres haben wir gewiss in den vergangenen Jahrzehnten überschätzt – letzteres ebenso lange unterschätzt.
Der Jäger beeinflusst da draußen maximal bis zu 70 Prozent des vorhandenen Bestandes – wenn's gut läuft! Der Rest unterliegt natürlicher Mortalität (Krankheit, Witterung, Prädation usw.). Mit zunehmender Präsenz des Wolfes in vielen Schalenwildrevieren dürfte sich das Beeinflussungspotenzial von uns menschlichen Jägern sogar noch weiter reduzieren.
Vom Phänotyp (dem äußeren Erscheinungsbild) auf den Genotyp (die genetische Veranlagung) zu schließen – ist in den meisten Fällen ein schlichter Trugschluss. Das äußere Erscheinungsbild ist immer ein Zusammenspiel aus Erbanlagen und Umwelt. In diesem Zusammenhang auch beispielsweise von „gut veranlagt" zu sprechen, ist bereits ausgesprochen anmaßend. „Für uns sichtlich gut entwickelt", trifft es da schon deutlich besser.
Machen wir uns also bezüglich Populationsaufwertung beziehungsweise -verbesserung

Guter Vererber? Schlechter Vererber?

Wer ist hier besser für die Zukunft gewappnet?

bitte nichts vor: Wir Jäger dürfen wilde Tiere zu unserem Wohl und zu unserer jagdlichen Freude erbeuten. Ob da die männlichen Stücke nun das ein oder andere Ende mehr auf dem Haupt, Schlitze in den Schaufeln oder besonders weit oder eng gestellte Schläuche beziehungsweise Stangen haben – entspricht zumeist nur unserem ästhetischen oder trophäenorientierten Schönheitsdenken – nicht mehr und nicht weniger! Der gesunde, vitale Hirsch, mit ein paar weniger Enden in der Krone (oder auch lebenslanger Kronenfreiheit), ist biologisch genauso wertvoll wie das vielendige Kronen-Knochenmeer.
Wichtig ist jedoch, und daher ist das Ansprechen von Wild eine elementare Tätigkeit des versierten Jägers, dass wir Jäger das Wild in etwa bestimmten Altersklassen zuordnen können. Ein möglichst natürliches Alters- und Geschlechterverhältnis in einer kopfstarken Population ist für die Gesundheit einer Wildtierpopulation wichtig.

SCHWACH ENTWICKELTES WILD?

Die Gründe beziehungsweise Ursachen für wirklich schwach entwickelte Stücke können vielfältig sein. Die häufigsten sind:
- Spät oder zu ungünstigen Zeiten gesetzte Jungtiere
- Verlust des Muttertiers
- Unzureichende Äsung
- Krankheiten und Verletzungen

Dabei müssen wir aber auch immer wieder unterscheiden zwischen „krank, abgekommen, unterentwickelt“ auf der einen und „zart, filigran, sehnig und/oder klein“ auf der anderen Seite.
Letztere Stücke können für die Population genauso wertvoll sein wie das „große, starke, mollige“, auf das wir Jäger ja seit vielen Jahrzehnten selektieren.

Die jungen und die alten Altersklassen sind am leichtesten anzusprechen.

Der Winter selektiert vermutlich „biologisch sinnvoller“ als wir Menschen.

Wichtig ist, dass wir eine breite und umfangreiche Palette an „Wildtiererscheinungen“ in freier Natur erhalten, damit die jeweilige Population für mögliche bevorstehende Veränderungen der Umwelt bestmöglich gerüstet ist. Vielleicht ist ja bei den Klimaveränderungen (die aktuell schon zu beobachten sind und noch kommen werden) beispielsweise beim Rotwild der sehnige, filigrane, ewige Achter besser gerüstet als der beidseitige Kronenprahler mit dem doppelten an Geweih- und Wildbretgewicht? Wir wissen es nicht! Und weil wir es nicht wissen, sollten wir so jagen, dass ein möglichst breites Spektrum in den jeweiligen Populationen erhalten wird.

UMGANG MIT ÜBERALTERTEN STÜCKEN

Immer wieder ist zu lesen, dass einer Überalterung des Bestandes entgegengewirkt werden muss und das überalterte und/oder gelte Stücke vorrangig erlegt werden sollten.

1. In meinem Berufsleben ist mir bislang nirgends ein wirklich überalterter Bestand begegnet oder eine Population, in der mir ein hoher Prozentsatz überalterter oder gelter Stücke populationsspezifische Sorgen hätte machen müssen. Beim Kahlwild machen wir Jäger uns diesbezüglich Sorgen und beim männlichen Wild streben wir es überall an – und kriegen es weitgehend nirgendwo hin! Da kenne sich mal einer aus! Alte, reife Stücke sind gut und wichtig für jede Wildtier- oder Pflanzenpopulation. So ist es völlig normal, dass hochbetagte Stücke auch mal eines natürlichen Todes sterben. Das gilt für alte Bäume, für alte Hirsche und ebenso für überalterte Ricken.
2. Ich halte das Belassen von alten Stücken sowohl bei weiblichen als auch bei männlichen Wildtieren in den zu bejagenden Beständen für absolut sinnvoll. Denn: Alte, erfahrene Stücke können als „weise im Hintergrund agierende Häupter“ gewiss noch große Bedeutung für die Population haben, auch wenn sie für die Reproduktion keine Rolle mehr spielen. Sie geben ihre Erfahrungen und damit ihr Wissen an andere Artgenossen und die folgenden Generationen weiter. Die Rolle alter Stücke im Naturhaushalt kann so deutlich gewichtiger sein als ihre potenzielle Verwertbarkeit für uns!

Erfahrene, reife Stücke sind in jeder Wildtierpopulation wichtig.

STÄRKER, STÄRKER UND STÄRKER …

Seit vielen Jahrzehnten beobachten wir es in nahezu jedem Winkel Mitteleuropas: Sauen werden feister, Rehböcke schwerer, Hirsche stärker. Wildbretgewichte und Trophäengewichte steigen seit vielen Jahren nahezu überall an! In den wenigsten Fällen ist dies jedoch eine Folge durchdachter zielgerichteter Hege.

Mehrere Gründe sind dafür verantwortlich:

— Die landwirtschaftliche Produktion von Nutzpflanzen wie Mais, Raps und Getreide sorgt inzwischen fast überall und nahezu ganzjährig für reichlich Schalenwild-Äsung.

— Bei zahlreichen Baumarten beobachten wir in den vergangenen Jahrzehnten einen zunehmenden Samenansatz. Die Bäume fruktifizieren häufiger und üppiger als früher. Für das Wild relevante Früchte wie Bucheckern, Eicheln und Hainbuchensamen sorgen so in manchem Herbst für eine feiste Vorbereitung auf den bevorstehenden Winter.

— Durch den Umbau zahlreicher Waldgebiete in Mischwälder verwandeln sich zuvor eher wildfeindliche Nadelholzplantagen in naturnahe Wälder. Sie bieten dem Wild flächig nahezu ganzjährig Äsung und Deckung.

— Durch Stickstoff-Emissionen aus Verkehr und Industrie leidet nahezu die ganze Landschaft unter einer unnatürlichen Nährstoffflut.

Die intensive Landwirtschaft ist ein wesentlicher Grund für feistes Wild.

Häufige Mastjahre führen zu einer guten Herbstkondition des Wildes.

— Der einzige wirkliche Beitrag von uns Jägern zu starken, reifen Trophäenträgern ist vermutlich vielerorts das Altwerden-Lassen der männlichen Stücke. Und dieses Alt-werden-Lassen ist sowohl gut für die jeweilige Population als auch für den trophäenaffinen Jäger!

ANSPRECHEN NACH DEM SCHUSS …

Da das saubere Ansprechen von Wild nicht mit der Schussabgabe endet, dazu ein paar elementare Bemerkungen meinerseits:
Wenn das Wild bei Schüssen so zeichnet, wie es in den Lehrbüchern steht, wunderbar! Dann hat man einen Anhaltspunkt für den möglichen Treffersitz. Ob dem dann wirklich so war, kann der Schütze dann am gestreckten Stück hoffentlich bald überprüfen. Wenn das Stück nicht so zeichnet, wie in den Lehrbüchern – heißt das leider erst einmal fast gar nichts!

ZEICHNEN BEI DER EINZELJAGD

Wenn man sich überlegt, unter welchen _ natürlichen oder heute auch technischen Lichtbedingungen beispielsweise Sauen auf der Einzeljagd bejagt werden, wundert es doch wohl niemanden, dass das Zeichnen häufig gar nicht wahrgenommen werden kann.
Bei Schwarzwild müssen wir zudem schlichtweg konstatieren, dass es manchmal einfach gar nicht bis kaum zeichnet. Die Stücke flüchten häufig einfach nach dem Schuss oder ziehen weiter. Aufgrund ihres kompakten Wildkörpers und ihrer schieren Körpermasse äußerst sich das Zeichnen bei Sauen häufig nur in einem nahezu unmerklichen Zucken, das durch den Wildkörper geht.
Dass beim Zeichnen natürlich Kaliber, Geschosstyp, Treffpunktlage, Konstitution des Wildes, äußere Umstände etc. mit eine

Das Zeichnen des Wildes hängt unter anderem von Kaliber und Geschoss ab.

Kurzläufige Hunde sorgen häufig für vertrauter anwechselndes Wild.

Rolle spielen, muss an dieser Stelle der Vollständigkeit halber erwähnt werden.

ZEICHNEN AUF DRÜCKJAGDEN

Auf Drückjagden kommt Wild dem Schützen oft flüchtig. Es muss schnell angesprochen und häufig rasch geschossen werden. Und vor allem auf Sauen oder Füchse schießen ja viele Jäger flüchtig einfach mal so drauflos. Das Zeichnen bei flüchtigen Stücken ist zwangsläufig noch schwieriger zu erkennen beziehungsweise zu deuten als bei ruhig äsendem oder verhoffendem Wild. Selbst wenn aber bei Drückjagden auf stehendes Wild geschossen wird, stehen sowohl Jäger als auch Wild häufig unter Strom. Deshalb geht teils in der Aufregung das ein oder andere Zeichnen unter.

ÜBER DAS ZEICHNEN VON WILD ...

Ich kann diese depperten Sprüche auf Drückjagden nicht mehr hören: „Das Stück hat nicht gezeichnet – ich hab vorbeigeschossen"; „Keinerlei Reaktion auf meinen Schuss – da müssen wir gar nicht gucken"; „Die sind alle einfach nur weitergelaufen – da lohnt eine Nachsuche auf keinen Fall." Wenn das Stück nicht gleich rolliert oder am Platz bleibt, könnte der Schuss nun auch noch (in Form einer Nachsuche) viel Arbeit nach sich ziehen – und das gehört natürlich nur „bedingt zum edlen Weidwerk".

Eine der „wundervollsten" Formulierungen hat mir eine liebe Freundin von einer Drückjagd zugetragen: „Wir müssen da gar nicht nachsuchen, ich hab am Anschuss nur Schnitthaar gefunden ..."

DAS ALT-WERDEN-LASSEN

Seitdem sich nun wohl definitiv herumgesprochen hat, dass wirklich reife männliche Stücke die passabelsten Trophäen tragen, ist das Alt-werden-Lassen sicherlich eine der gewichtigsten Maßnahmen, die wir Jäger draußen im Revier praktizieren können, um starke Trophäen zu ernten! Übrigens: Gegen starke Trophäen bei gesundem Wild spricht wahrlich überhaupt gar nichts! Eine starke Trophäe ist zuerst einmal Ausdruck eines gesunden und vitalen Stückes. Lediglich die krankhafte Ausrichtung auf viele sowie teils künstlich und exzessiv stark gezüchtete Trophäenträger hat mit Jagd als naturnaher Landnutzung nichts mehr zu tun.

REGIONALE STÄRKE

Rotwild ist nicht gleich Rotwild – Sauen sind nicht gleich Sauen! Da fast all unsere Schalenwildarten in den unterschiedlichsten Lebensräumen – vom Gebirge bis ins Flachland und auf den unterschiedlichsten Standorten von nährstoffreich bis extrem arm – vorkommen, gibt es räumlich gravierende Unterschiede in der Stärke der Stücke. Ein starkes Rotwildkalb aus Vorpommern kann schon mal die Stärke eines soliden Schmaltieres aus der Eifel erreichen und Schmaltiere aus dem Osten erreichen stets schon die Gewichte von Alttieren aus vielen westlichen Populationen. Damwild auf Ackerstandorten in Schleswig-Holstein erreicht andere Wildbretgewichte als Artgenossen auf den Sandböden Brandenburgs.

Sauen in nährstoffarmen Mittelgebirgen bleiben häufig ihr Leben lang regelrechte Hungerhaken in Relation zu den äußerst feisten Sauen im landwirtschaftlich geprägten Flachland.

Sind wir mit einer Wildart in einer bestimmten Stärke aus einer bestimmten Region vertraut, müssen wir uns häufig neu eichen, wenn wir in einer ganz anderen Gegend jagen. Es kann fatal sein, wenn ich aus dem Osten kommend im Westen jage und ein vermeintliches Schmaltier sich aber als Alttier entpuppt oder ich einen starken Frischling erlege, der dann am Anschuss zur führenden Bache wird.

Ebenfalls fatale Folgen kann es haben, wenn ich schwaches Wild gewohnt bin und darauf Waffe, Kaliber sowie Laborierung angepasst habe. Diese Ausrüstungskombination kann für stärkeres Wild ungeeignet sein. Der Hirsch zur Feistzeit in Vorpommern kann ungefähr das Doppelte seines gleichalten Artgenossen aus dem Pfälzerwald wiegen. Für ein korrektes und sicheres Ansprechen sollte sich der Jäger deshalb mit der zu bejagenden Population sowie der regionalen Stärke der Stücke vertraut machen.

GEWEIHE

Es gibt kapitale, hochkapitale und es gibt selbstverständlich auch schöne Geweihe! Die alten Jägersprüche „ein Geweih beziehungsweise eine Trophäe ist kapital, hochkapital, stark, sehr stark oder ähnliches – keinesfalls aber schön, schön ist ein ...“ können wir auch getrost in die biedere Mottenkiste der Weidmanns-Antiquitäten verweisen.

Selbstverständlich gibt es Geweihe und Trophäen, die für manchen von uns schöner sind als andere. Ich verweise in diesem Zusammenhang beispielsweise auf die Rothirschgeweihe, die den Futterexzessen aus Gattern oder den „soliden“ Umweltverhältnissen Neuseelands entsprungen sind. Die haben häufig mehr Ähnlichkeit mit entarteten Krebszellen als mit gesunden sekundären Geschlechtsmerkmalen. Sie sind zweifelsfrei kapital und stark, aber meist halt auch eher hässlich und keinesfalls schön!

KÖRPERMASSE

In jedem der folgenden Artkapitel in diesem Buch findet sich eine Tabelle mit den Abmaßen des Wildkörpers sowie dem Kulminationspunkt in der Trophäenentwicklung. Dabei ist dringend zu beachten: Die in den Steckbriefen genannten Werte bewegen sich im Bereich körperlich starker Populationen der jeweiligen Art in Mitteleuropa. Die Daten aus schwächeren Populationen können davon erheblich abweichen!

Seit etlichen Jahren zeigt sich aber in nahezu allen Schalenwildpopulationen eine allgemeine Zunahme der Körperstärke. Die genannten Werte können daher in einigen Populationen inzwischen auch durchaus übertroffen werden.

Alter Hirsch? „Reif“ ist für den Bestand wichtiger als „geweihkapital“!

REHWILD

AUF DIE UMWELT KOMMT ES AN

Die in Deutschland häufigste Schalenwildart bereitet uns Jägern meist die größten Probleme beim Ansprechen. Rehe sind bezüglich ihrer körperlichen Entwicklung wahre Senkrechtstarter und durchlaufen unter günstigen Umständen sehr zügig die Entwicklung vom Kitz zum erwachsenen Stück.

Rehwild gibt es fast überall – vom dichten Wald bis in die offene Agrarlandschaft.

INFO

- Lebendgewicht: bis 30 kg
- Körperlänge: bis 130 cm
- Körperhöhe: bis 85 cm
- Trophäenmaximum: im Alter von 5 bis 8 Jahren

Die Variationsbreite der Körper und Gewichtsmerkmale bei unseren Rehen ist schon beeindruckend: Die Stücke entwickeln sich auf kargen Sandböden oder im nährstoffarmen Mittelgebirge ganz anders als auf satten Schwarzerden der Börden oder im Auwald. Weiterhin hat die Wilddichte bei dieser Wildart massiven Einfluss auf die Stärke einzelner Stücke. So sind die Stücke in Revieren mit sehr hohen Populationsdichten häufig deutlich schwächer als in Habitaten mit weniger Rehwild.
Für eine sichere Ansprache der Stücke sollte sich der Jäger deshalb zuvor mit der zu bejagenden Rehwildpopulation vertraut machen.

KITZE

Kitze sind an der Körpergröße den ganzen Sommer über gut von anderen Altersgruppen zu unterscheiden. Die Decke junger Kitze zeigt die typische helle Fleckung auf ansonsten recht dunklem Untergrund. Schon ab der vierten Lebenswoche beginnen sich die hellen Punkte aufzulösen. Die Stücke tragen dann bis zum ersten Haarwechsel im Herbst ein recht dunkles „Kindheitsgewand".
Ab dem vierten Monat sind beim männlichen Kitz die ersten Geweihanlagen durch zwei farblich hervorstechende Haarbüschel erkennbar. Ab Aufgang der Jagdzeit Anfang September kann ein gut entwickeltes Bockkitz daher als solches angesprochen werden. Schwache Bockkitze zeigen jedoch häufig zu dieser Zeit noch keine sichtbare Veränderung zwischen den Lauschern. Beim weiblichen Kitz kann die – noch recht kleine – Schürze schon sichtbar sein.
Während der Rehbrunft sind die Kitze für wenige Tage allein. Trifft der Jäger von Mitte Juli bis Mitte August auf alleinziehende Kitze, kann er deshalb keinesfalls von einem verwaisten Stück ausgehen. Analog dazu ist das ohne Nachwuchs bei einem Bock stehende weibliche Stück nicht automatisch eine Geltgeiß oder ein Schmalreh.
Solange Ricken und Kitze noch ihre kurze Sommerdecke tragen, ist auch der Größenunterschied noch ausgesprochen auffällig. Mit dem Wechsel in die flauschige Winterdecke wird der scheinbare Größenunterschied geringer. Bei direktem Vergleich von nebeneinanderstehenden Stücken ist er jedoch in der Regel noch erkennbar.

Die helle Kitzfleckung verschwindet nach einigen Wochen.

Zwillingskitze kommen beim Rehwild relativ häufig vor.

WEIBLICHES REHWILD

Bei den adulten weiblichen Stücken Rehwild gilt es Schmalrehe sowie Ricken sicher zu unterscheiden.

SCHMALREHE

In dem auf die Geburt folgenden Jahr werden die weiblichen Kitze am 1. April zu Schmalrehen. Zur Schmalrehjagdzeit im Frühling (April, Mai) lassen sich diese meist noch recht sicher von Ricken unterscheiden. Je früher in der Jagdzeit, desto eher weisen Schmalrehe noch die kindlichen Merkmale des Kitzes auf: zarte sowie schlanke Figur; kurzes jugendliches Haupt; dünner, schwacher Träger; gerade Bauchlinie, die zu den Hinterläufen ein wenig ansteigen kann. Da das Haupt bei Schmalrehen noch recht zierlich ist, wirken die Lauscher häufig ein wenig überdimensioniert. Schmalrehe tragen häufig bereits Anfang Mai ihre Sommerdecke. Trächtige Ricken sind zu dieser Zeit in der Regel noch eisgrau. Ricken mit sehr gutem Energiehaushalt und hoher Vitalität verfärben jedoch ab und an schon früher. Daher darf der Haarwechsel nicht als alleiniges Ansprechmerkmal dienen.

Sehr schlank und kindlich kommen Schmalstücke im Frühjahr daher.

Vor allem im April/Mai sind Ricken, die noch nicht gesetzt haben, sehr gut an der kräftigen Statur und ihren Körperrundungen von Schmalrehen abzugrenzen. Schwache Ricken jedoch, die frisch gesetzt haben, zeigen häufig – aufgrund ihrer sehr eingefallenen Flanken – eine eher schmalrehähnliche Figur. Hier muss der Jäger sehr genau auf das etwa tennisballgroße Gesäuge achten, das beim Blick von hinten zwischen die Hinterläufe bei führenden Ricken recht gut zu sehen ist.
Je weiter es Richtung Sommer geht, desto ähnlicher werden Schmalrehe den älteren Stücken. Die sichere Bejagung von Schmalrehen wird dann deutlich schwieriger.
Schmalrehe sind häufiger tagaktiv und meist auch lebendiger als Ricken. Ab und an kommt es vor, dass der Jäger sie auch in wenig frequentierten Bereichen des Reviers antrifft. Denn sie sind deutlich unsteter als die durch ihren Nachwuchs eher ortsgebundenen Ricken.

RICKEN

Am 1. April des dritten Lebensjahres werden aus den Schmalrehen Ricken. Da Rehe im Alter von zwölf bis 14 Monaten zum ersten Mal aufnahmebereit sind, setzen die meisten Stücke im Alter von zwei Jahren in der Regel Kitz(e). Im April/Mai sind Ricken aufgrund ihrer Trächtigkeit an dem voluminösen Wildkörper in der Regel sicher anzusprechen. Nach dem Setzen ist das Gesäuge der Ricke beim Blick von hinten zwischen

Hier ist der baldige Nachwuchs kaum zu übersehen.

Deutlich ist die prall gefüllte Spinne zu erkennen.

die Hinterläufe sehr deutlich sichtbar. Sobald die Kitze jedoch anfangen feste Äsung aufzunehmen (das ist häufig schon nach sechs bis acht Wochen der Fall), bildet sich das bis dato auffällige Gesäuge stetig zurück. Als deutliche Ansprechhilfe fällt das Gesäuge damit ab etwa Juli immer mehr aus.

Je größer der Anteil an fester Äsung bei den Kitzen wird, desto selbstständiger agieren die Stücke auch und trennen sich immer mal wieder von der führenden Ricke. Durch das kaum mehr sichtbare Gesäuge und die zeitweise Trennung von den Kitzen steigt die Verwechslungsgefahr mit Schmalrehen immer weiter an.

Je älter Ricken werden, desto stärker treten Brustbein und Widerrist hervor. Senkrücken und Hängebauch (auch außerhalb der letzten Phase der Trächtigkeit) verstärken sich im Verlauf der Jahre. Da sich auch die Muskelpartien am Haupt im Alter zurückbilden, wirken ältere Rickenhäupter häufig trocken und knochig, wie wir das von alten Dam- und Rottierhäuptern ebenfalls kennen. Auch der Träger älterer Ricken wird häufig wieder dünner. Er ähnelt dann zunehmend dem Träger eines Schmalrehs.

Verhält sich ein weibliches Stück in der Vegetationszeit ausgesprochen offensiv, beispielsweise gegenüber einem Fuchs, haben wir es mit ziemlicher Sicherheit mit einer führenden Ricke zu tun, deren Kitze sich im potenziellen Gefahrenbereich befinden. Wird der Fuchs dabei aktiv vertrieben und noch eine ganze Strecke weit verfolgt, handelt es sich bei der Verfolgerin garantiert um kein Schmalreh.

SCHÜRZE UND SPIEGEL

In der Winterdecke findet sich bei weiblichen Rehen am Spiegel die sogenannte Schürze. Dabei handelt es sich um ein auffallendes Haarbüschel, das als weißes Schwänzchen gut zu sehen ist. Rehböcken fehlt dieses auffällige Haarbüschel. Daran ist eine sichere Unterscheidung von weiblichen Stücken und gehörnlosen Böcken im Winter möglich. Die Schürze ist auch in der Seitenansicht meist gut sichtbar.

Rehböcke zeigen meist einen eher nierenförmigen, Ricken manchmal einen eher herzförmigen Spiegel. Auf dieses Merkmal ist jedoch als sicheres Unterscheidungsmerkmal der Geschlechter definitiv kein Verlass!

Schürze! Eindeutig ein weibliches Stück

MÄNNLICHES REHWILD

Um das wahre Alter von Rehböcken wird sich in Jägerkreisen häufig gestritten. Kein Wunder! Denn das Ansprechen ist gar nicht so leicht…

JÄHRLINGE

Innerhalb der Gruppe von Rehböcken sind einjährige Stücke in der Regel am zuverlässigsten auf ihr Alter anzusprechen. Zum Aufgang der Jagdzeit im April/Mai zeigen sie häufig noch die Restmerkmale des Kitzes vom vergangenen Jahr und sind somit (ähnlich wie Schmalrehe von Ricken) von mehrjährigen Böcken noch ganz gut zu unterscheiden. Im Verlauf des zweiten Lebenssommers gleichen sich die Körperkonturen sowie Körpermasse der Jährlinge immer stärker denen älterer Böcke an.

GLASKLARES JÄHRLINGS-GEWEIH

Dass Jährlinge grundsätzlich keine Rosen haben, ist ein Ammenmärchen und gehört damit längst in die jagdliche Mottenkiste. Schmalspießer beim Rotwild haben grundsätzlich keine Rosen. Gut entwickelte Jährlinge beim Rehwild haben dagegen sehr häufig Rosen!

Und auch die Geweihstärke der Jährlinge hängt extrem stark von den allgemeinen und den jahreszeitlichen Umweltbedingungen ab. Gibt es Äsung in Hülle und Fülle und herrschen günstige Witterungsbedingungen, sind Knopfböcke sowie Spießer auch bei Jährlingen eher die Ausnahme. Gabler und Sechser sind unter guten Bedingungen durchaus die Regel. Sogar Achter sind dann möglich. In Revieren, die günstige Bedingungen bieten (reiche Standorte, Mischwälder, Wald-Feld-Gemengelagen, geringe Wilddichten) sind Knopfer und Spießer sogar regelrechte Mangelware. Jährlinge fegen im Durchschnitt erst im Mai, während zweijährige und ältere Böcke von Mitte März bis Anfang April fegen. Zwischen den Fegeterminen des Jährlings und denen älterer Böcke liegt somit ein

Dieser Jährling wirkt fast kränklich.

Ein Jährling mit äußerst geringer Kopfzier

Mehrjähriger, bereits verfegter Bock vertreibt noch unverfegten, körperlich schwächeren Bock.

Zeitraum von mehreren Wochen. Dass Jährlinge zumeist erst verfärben und dann verfegen, wurde ja schon erwähnt.

ZWEIJÄHRIG UND ÄLTER

Da der Rehbock vom Jährling zum Zweijährigen den durchschnittlich größten Geweihsprung im Leben macht (und danach die jährliche Schwankungsbreite der Gehörnstärke im Schnitt deutlich größer ist als beispielsweise der potenzielle Sprung in der Gehörnentwicklung vom Zwei- zum Dreijährigen), fällt die Stärke des Gehörns für die Altersansprache ab dem Alter von zwei Jahren schlichtweg aus!
Da wir zudem ja längst wissen, dass Merkmale wie beispielsweise Dachrosen, Kranzrosen oder Perlung hochgradig individuell sind und mit dem Alter praktisch nichts zu tun haben, kann bezüglich der Geweihstärke Folgendes konstatiert werden: Ab dem Alter von zwei Jahren können Böcke kapitale Gehörne schieben. So war der stärkste in Deutschland erlegte Bock über Jahre hinweg ein zweijähriger! Böcke können aber auch im Alter von sieben oder acht Jahren noch ihr stärkstes Gehörn schieben. Im Schnitt tragen die meisten Rehböcke aber wohl um das vierte beziehungsweise fünfte Jahr herum ihre stärkste Kopfzier.
Nur wenn ein Rehbock individuell wiedererkennbar ist (beispielsweise durch Markierung als Kitz), kann sein Alter definitiv ermittelt werden. Alle anderen Versuche der Altersermittlung am lebenden Stück sind in freier Wildbahn mehr oder minder Spekulation!

„DOMINANT UND ÄLTER" JAGT „UNTERLEGEN UND JÜNGER"?

Jagen sich beim territorial lebenden Rehwild zwei Böcke, ist der „treibende" gewiss der dominante und in der Regel auch der ältere. Es kann aber natürlich durchaus auch einmal vorkommen, dass ein kapitaler gut entwickelter Zweijähriger einen schwachen dreijährigen oder sogar noch älteren Bock durch die Botanik scheucht. In den meisten Fällen dominiert aber gewiss das Alter.
Kämpfe kommen bei Rehböcken relativ selten vor. Zu solchen Kampfsituationen kommt es in freier Wildbahn eigentlich nur, wenn sich zwei vermeintlich gleichstarke Reviernachbarn an der Territoriumsgrenze begegnen.

Kapitaler mehrjähriger Bock mit gewaltigem Gehörn

Hier spricht viel für einen alten Bock, der bereits zurückgesetzt hat.

REIFE BÖCKE?

Mögliche Kennzeichen eines etwas älteren, reiferen Rehbockes sind:

- Kompakter, massiger Wildkörper
- Starker, breiter Träger
- Kurz und breit wirkendes Haupt
- Tiefe Rosen, die schon in der Decke zu verschwinden scheinen
- Graue Gesichtszeichnung – (hochgradig individuell, zeigen auch oft schon junge Böcke)

Dies alles sind Merkmale, die durchaus aber auch schon einmal auf starke zweijährige Böcke zutreffen können, aber im Umkehrschluss bei einem Siebenjährigen nicht zwingend vorliegen müssen. Durch die Summe aller Merkmale bekommen wir Jäger jedoch zumindest eine Tendenz in der Altersschätzung.

WIEDERERKENNUNGSWERT

Rehböcke halten an einmal besetzten Territorien ihr Leben lang fest. Sie tun das selbst dann, wenn ein scheinbar deutlich attraktiveres Nachbarrevier frei wird. Diese Erkenntnis kann beim Wiedererkennen von Böcken sehr hilfreich sein. Verändert ein bereits bekannter Bock sein Gehörn im Folgejahr deutlich (beispielsweise aufgrund von Krankheit, Verletzung oder Witterung), kann die Reviertreue ein Hinweis darauf sein, dass es sich um das bereits bekannte Stück handelt.

Da das Gehörn zwar als Wiedererkennungsmerkmal in der Regel zu gebrauchen ist (aber halt nicht immer), sollte der Jäger sich bei einzelnen Böcken im Revier noch weitere Merkmale einprägen. Schlitze in den Lauschern, Gesichtsmuster, Deckenfarbe oder natürlich auch Verhaltensauffälligkeiten können dazu genutzt werden.

Der renommierte Rehwildforscher Albrecht von Bayern stellte bereits fest, dass die Ausformung der „Muffel“ (Linie zwischen den schwarzen und hellen Partien des Windfangs) bei jedem Stück Rehwild individuell gezeichnet ist. Um daran jedoch einzelne Stücke wiederzuerkennen, sind schon detailscharfe Fotos, Frontalskizzen der Häupter oder ein extrem feinsinniges optisches Gedächtnis notwendig. Auch individuell markante Deckenfarben (dunkel/hell, blassrot/tiefrot, rötlich/bräunlich/gelblich) bleiben häufig über viele Jahre erhalten. Diese Beobachtung teilt auch der renommierte Rehwildkenner Burkhard Winsmann-Steins. Erkranken diese Stücke jedoch oder sind sie in ausgesprochen schlechter Kondition, kann sich natürlich auch das ändern.

DIE TROPHÄE

Das Gehörn bei Rehböcken kann von einem auf das andere Jahr in Bezug auf Stärke und Form teils stark variieren. Dies ist in der Regel deutlich ausgeprägter als beispielsweise bei Rothirschen.

Ein wesentliches Trophäenmerkmal verändert sich jedoch auch beim Rehbockgehörn im Verlaufe des Lebens nie: die Auslage. Kommt es zu keinerlei Verletzungen der Rosenstöcke, bleibt die Stellung der beiden Geweihstangen ein Leben lang konstant. Die ausgesprochene Reviertreue kann der Jäger als Anlass nehmen, den ein oder anderen Rehbock älter werden zu lassen. Denn er muss kaum damit rechnen, dass er wie der Hirsch in der Brunft stiften geht und möglicherweise im Nachbarrevier zur Strecke kommt. Sind viel befahrene Straßen in der Nähe, können diese Hegebemühungen natürlich aber auch rasch zunichtegemacht werden.

NEUER BOCK AN ALTER STELLE

Werden territoriale Böcke erlegt, wird das freigewordene Revier in der Regel von einem jüngeren, meist zweijährigen Bock übernommen, der bislang revierlos umherstreifte. Auch Jährlinge können bereits freigewordene Bockreviere übernehmen. Dies kommt jedoch in der Regel nur vor, wenn nicht genügend heranreifende, zweijährige Böcke vorhanden sind. Neue Reviere werden nahezu ausschließlich aus dem Pool der umhervagabundierenden revierlosen jungen Böcke besetzt.

Taucht im Revier also plötzlich ein kapitaler sowie völlig unbekannter Bock auf, kann davon ausgegangen werden, dass es sich meist um einen zweijährigen bis dato revierlosen „Prahlhans" handelt! Plötzlich und unverhofft auftretende Kapitalböcke sind in der Regel keine uralten Recken.

Hochläufig, schlank, jugendlich: Das könnte sogar ein Jährling sein.

GUTE UND SCHLECHTE BOCKJAHRE

Schwankungen in Bezug auf die Gehörnstärke können häufig sogar bei nahezu allen Böcken im Jagdrevier beobachtet werden. So gibt es eben gute und schlechte Jahrgänge. Sind die Bedingungen in der jeweiligen Population in einem Jahr günstig, schiebt auch der Großteil der Böcke starke Gehörne. Sind sie dagegen ungünstig, kann die durchschnittliche Gehörnqualität stark zurückgehen. Legt der Jäger besonderen Wert auf die Stärke seiner Rehbocktrophäen, sollte er deshalb besonderes Augenmerk auf die Umweltbedingungen (Populationsdichte, Äsungsangebot) im Revier legen. So hat er indirekten Einfluss auf die Gehörnstärke des Rehwilds.

WALD-FELD-VERTEILUNG VON REHBÖCKEN

In Feld-Waldrevieren mit recht hohem Feldanteil sind Jährlinge meist weit außerhalb der attraktiveren Waldflächen zu finden. Sie bummeln dort häufig zwischen den besetzten Territorien der älteren Böcke umher. Das heißt aber natürlich nicht zwangsläufig, dass draußen im Feld keine alten Böcke zu finden sind. Ganz entscheidend dafür ist die jahreszeitlich schwankende Attraktivität bestimmter Revierteile. Wenn sich im Terri-

Zwischen Abwerfen und Schieben können bei Böcken deutlich längere Zeiträume als beispielsweise bei Rothirschen liegen.

torium eines Bockes weit draußen in der Feldflur attraktive Äsung auftut, wird der Platzbock dort mit Sicherheit zu finden sein.

ABWERFEN UND SCHIEBEN

Zwischen Oktober und Dezember werfen Rehböcke ihr Gehörn ab. Ältere Stücke werfen in der Regel früher ab als jüngere. Jährlinge verlieren meist als letzte ihre Stangen auf dem Haupt.

Es gibt da aber bei Rehböcken eine ganze Menge individuelle Ausnahmen. Vom Abwurfzeitpunkt direkt proportional auf das Alter des Bockes zu schließen, klappt deshalb leider meist nicht. Albrecht von Bayern betonte zudem, dass sich sowohl unter den „Spätablegern" als auch unter den „Frühablegern" einige der besten Böcke befanden. Spätes Abwerfen war auch keinesfalls ein Zeichen mangelnder Kondition oder wirkte sich gar negativ auf des Folgegeweih aus. Häufig werden beide Stangen gleichzeitig abgeworfen. Es können aber durchaus zwischen dem Abwerfen der beiden Stangen auch mehrere Tage vergehen.

Bis zum Schieben der neuen Stangen kann nach dem Abwerfen durchaus eine Woche bis maximal ein Monat vergehen – anders als beispielsweise beim Rothirsch, der direkt nach dem Abwerfen mit der Neubildung des Folgegeweihs beginnt. Wird bei winterlichen Jagden nur weibliches Rehwild freigegeben, sollte dieses Phänomen noch mehr Ansporn zum genauen Ansprechen sein oder durchaus zu der Überlegung führen (so es die Gesetzeslage hergibt), auch bei winterlichen Jagden Rehböcke freizugeben. Rehe können nämlich in der Tat deutlich effektiver bei winterlichen Drückjagden erlegt werden, wenn die häufig nicht einfache Ansprache des Geschlechts wegfällt. In zahlreichen Bundesländern ist dies im Rahmen der aktuellen Gesetzeslage ja durchaus möglich.

Es gibt übrigens wildbiologisch keinen triftigen Grund, Rehböcke von der Jagd in den Wintermonaten auszunehmen. Jäger, die Rehböcke jedoch lieber mit verfegtem Gehörn erlegen wollen und gerne auch an der trophäenorientierten Hege mit der Büchse festhalten wollen, können dies ja auch weiterhin tun. Es wird ja bislang in Deutschland glücklicherweise kein Jäger gezwungen, Rehböcke ausschließlich im Winter zu bejagen. Aber dass es diese Möglichkeit inzwischen in etlichen Bundesländern gibt, halte ich selbst für ausgesprochen sinnvoll.

HAARKLEID UND HAARWECHSEL

Rehe wechseln zweimal im Jahr ihr Haarkleid. Im April/Mai/Juni wechseln die Stücke vom Winter- in die Sommerdecke. Die grauen Haare der Winterdecke fallen dabei büschelweise aus. Im Frühjahrshaarwechsel stehende Rehe sehen daher häufig etwas struppig und gerupft aus. Aufgrund des Energiedefizites aus dem Winter, dauert der Frühjahrshaarwechsel häufig deutlich länger als derjenige im Herbst. Die Sommerdecke variiert farblich von tiefdunkel-rötlich bis zu einem eher blassen gelb/orangen Ton. Ältere Stücke tendieren in vielen Populationen eher zu blasseren rot oder gelb/orangenen Farbtönen.

Der Frühjahrshaarwechsel ist optisch viel auffälliger als der Haarwechsel im Herbst.

Möglicherweise lässt im Alter auch bei Rehen die Farb-Pigmentierung der Haare etwas nach – ein Phänomen, das sich ja bei etlichen Säugerarten beobachten lässt. Blasse bis fahlgelbe Decken sind daher häufig eher ein Merkmal älterer Stücke, während eine leuchtend oder tiefrote Sommerdecke häufig eher auf junge Stücke hinweist. Das kann ein Hinweis sein, mehr aber auch nicht! Jährlinge sowie Schmalrehe mit fahlgelben Decken oder alte Ricken und reife Böcke mit tiefrotem Sommerkleid sind vielerorts absolut geläufig.

Häufig scheint es auch regionale Schläge mit eher dunklen oder eher hellen Decken zu geben. Im Frühjahr kann ein langer oder später Haarwechsel auch parasitenbedingt sein oder wenn die Umstellung von der zähen Winterkost auf die eiweißreiche Frühlingskost nicht so recht gelingen mag.

Von Mitte September bis Mitte Oktober wechseln Rehe ins Winterhaar. Die Winterdecke ist zumeist einheitlich grau. Manchmal kommen auch leicht bräunliche beziehungsweise gelbliche Farbvarianten vor.

VERFÄRBEN KOSTET ENERGIE

Der Prozess des Haarwechsels kostet viel Energie. So sind Verlauf und Zeitpunkt des Haarwechsels durchaus ein Indikator für den Vitalitäts-Zustand eines Stücks. Zieht sich der Haarwechsel ausgesprochen in die Länge oder findet er sehr spät statt, ist dies ein Hinweis auf einen allgemeinen energetischen Engpass. Gründe dafür können harte Winter, äsungsarme Sommer, ausgesprochen karge Äsungseinstände, Krankheiten, Parasiten, Alter aber auch schlichtweg eine Trächtigkeit sein. Ricken, die Kitze setzen, wechseln häufig später in die Sommerdecke. Nichtführende Geißen tun dies meist deutlich früher. Sehr alte Rehe, die einen unausgeglichenen Energiehaushalt haben, wechseln ebenfalls recht spät und möglicherweise eher langwierig ihr Haarkleid. Jüngere Stücke verfärben zumeist vor älteren – aber nicht immer und grundsätzlich!

Richtig ist allerdings, dass die Mehrzahl der Jährlinge vor den mehrjährigen Böcken verfärbt und im Frühjahr ebenfalls die Mehrzahl der Schmalrehe vor den mehrjährigen weiblichen Stücken. Richtig ist ebenso, dass Jährlinge erst verfärben und dann verfegen und mehrjährige Böcke zumeist erst verfegen und dann verfärben. Der Zeitpunkt des Verfegens beziehungsweise Verfärbens kann demnach als erstes Indiz beim Ansprechen genutzt werden.

„Alt verfegt vor jung" stimmt hier.

KEINE REGEL

Vergleicht man die mehrjährigen Böcke in Bezug auf Fege- sowie Verfärbezeitpunkt untereinander, lässt sich keine solche Regel finden. Böcke, die besonders starke Gehörne schieben, müssen auch besonders viel Energie in dieselben investieren. Stücke mit besonders üppiger Kopfzier können daher auch durchaus einmal mit dem Haarwechsel hinterherhinken (und vollständig verfegt noch ihr graues Winterkleid tragen), während gleichalte oder sogar ältere Böcke, die eher schwache Gehörne schieben, schon knallrot daherkommen. Deshalb wird so mancher junge Bock, der stark geschoben hat, aber im Mai noch grau ist, als alter, reifer Kapitaler angesprochen und erlegt.
Ab dem Alter von zwei Jahren hängt der Haarwechsel wesentlich von den Lebensumständen des jeweiligen Stückes ab und hier lassen sich Gesetzmäßigkeiten kaum ableiten. In einigen Regionen Deutschlands kommt schwarzes Rehwild regelmäßig vor. Albinos, Weißlinge oder Schecken sind hingegen wahre Raritäten. Rehe mit besonders auffallenden Deckenfärbungen sollte der Jäger schonen und ihren Werdegang aufmerksam verfolgen. Hier lässt sich über einen längeren Zeitraum manch interessante Beobachtung (und dann auch Erlegung) machen!

Die filigrane Figur sowie der dünne Träger verraten den jungen Bock.

ALTERSANSPRACHE AM ERLEGTEN REHWILD

KITZ

Ab Anfang August bricht bei Kitzen der M2 im Kiefer durch. Bis zum Ende der winterlichen Jagdzeit auf Kitze fehlt ihnen aber immer der letzte hintere Backenzahn, der M3. Mittels dieses Merkmals sind erlegte Kitze bis zum Ende der Jagdzeit von Stücken anderer Altersklassen sicher zu unterscheiden.

EINJÄHRIGE STÜCKE

Am erlegten Stück können Jährlinge sowie Schmalrehe anhand des Zahnwechsels noch klar angesprochen werden: Zu Anfang der Jagdzeit im April/Mai ist praktisch bei allen einjährigen Stücken der P3 noch als dreiteiliger Milchzahn vorhanden. Der M3 bricht erst durch und ist noch nicht vollständig als dreiteiliger Zahn zu erkennen.
Ab etwa dem 15. Lebensmonat (Mitte Juli) haben nahezu alle einjährigen Stücke den

P3 als dreiteiligen Milchzahn in den zweiteiligen Dauerzahn gewechselt. Der M3 ist zu dieser Zeit als dreiteiliger Dauerzahn vollständig durchgebrochen.

ALTERSSCHÄTZUNG NACH ZAHNABSCHLIFF

Es sollte so langsam bei jedem Jäger angekommen sein: Die Altersschätzung anhand des Abschliffs der Zähne ist mit zahlreichen Unsicherheiten behaftet. Je nach Zahnhärte, Festigkeit der aufgenommenen Äsung sowie der individuellen Zahnstellung ergibt sich ein anderes Bild. Die sichere Altersansprache des Stücks anhand des Zahnabschliffs ist deshalb nicht möglich.
Dies hat schon Albrecht von Bayern in seinen zahllosen Rehwilduntersuchungen im Revier Weichselboden gezeigt. Beispielsweise sah dort der Unterkiefer eines dreijährigen Rehbockes dem eines sechsjährigen Stückes zum Verwechseln ähnlich. Und das war keine Ausnahme! Der Rehwildkenner Bruno Hespeler schrieb zu dieser Erkenntnis so treffend: „Nun müssen wir uns überlegen, welchen Wert die Unterkiefertheorie hat, wenn der Zahnabschliff über drei Jahre hinwegtäuschen kann, andererseits das Durchschnittsalter aller erlegten Rehböcke höchstens bei drei Jahren liegt?“ Wie wahr!
Deshalb jedoch den Zahnabschliff bei der Altersschätzung am erlegten Stück völlig außer Acht zu lassen, wäre falsch. Denn mit zunehmendem Alter und damit einhergehend zunehmender Nutzung des Gebisses nimmt natürlich auch der Zahnabschliff beim jeweiligen Stück zu. Deshalb kann die Abnutzung der Zähne für viele Rehe in einem Revier eben doch einen Hinweis auf das Alter geben – der in vielen Fällen vermutlich sogar zutrifft. Da die Altersbestimmung anhand des Zahnabschliffs jedoch nicht zuverlässig ist, kann sie jedoch keinesfalls als klare Richtschnur für die Vergabe von roten Punkten beziehungsweise Hegemedaillen oder sonstigen weidgerechten Tadeln oder Lobhudeleien dienen.

Der P3 ist dreiteilig: ein einjähriges Stück

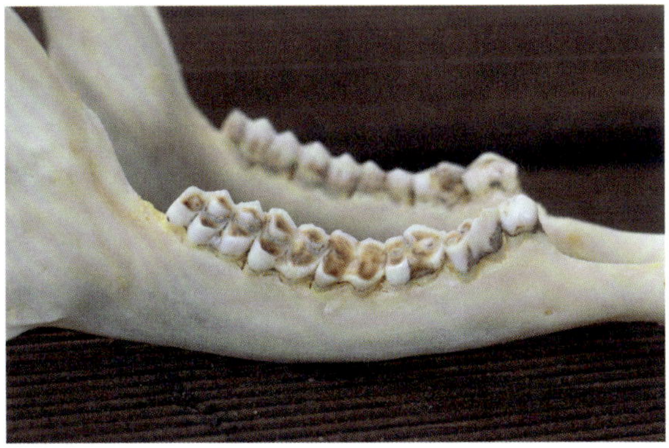

Vollständiges Altersgebiss: Der P3 ist als Dauerzahn zweiteilig.

WAS ÜBRIG BLEIBT …

Der Rehwildexperte Wolfram Osgyan schreibt bezüglich der verschiedenen Alters-Ansprechmerkmale bei Rehböcken sehr treffend: „Wenn wir nun in Rückschau unsere Ansprechhilfen der Reihe nach separat auf ihre Verlässlichkeit hin abklopfen, bleibt nur deren Unzuverlässigkeit als feste Größe übrig. Die meisten Fingerzeige für die Zugehörigkeit zu einer bestimmten Altersklasse liefert uns immer noch die Gesamterscheinung in Verbindung mit dem Verhalten. Vertrautheit mit dem Revier und seinem Wild sowie häufiges Beobachten desselben zu verschiedenen Jahreszeiten schützt daher am ehesten vor Fehlurteilen.“

REHWILD – ANSPRECHTEIL

BESCHLAGENE RICKE – ANFANG MAI

1. Hier ist offensichtlich sehr bald mit Nachwuchs zu rechnen: Die Ricke ist so hochträchtig, dass sie wohl schon auf der Suche nach einem geeigneten Setzplatz ist.

Unmittelbar nach dem Setzen ist das Stück an der Winterdecke als Ricke anzusprechen. Die meisten Schmalrehe und Jährlinge sind zu dieser Zeit (je nach Region) dann schon deutlich weiter im Haarwechsel. In der Regel beginnt der Haarwechsel am Träger, am Haupt und an den Läufen.

ZWEI WEIBLICHE REHE – MITTE MAI

2. Zwei Rehe betreten den noch zu bearbeitenden Acker. Das linke Stück ist stärker im Wildbret und nur an Haupt sowie Träger ist schon die Sommerdecke erkennbar. Der Wildkörper des rechten Stücks wirkt deutlich zarter und das Winterhaar fällt an allen Körperpartien schon in großen Büscheln aus. Bei dem Stück links im Bild handelt es sich um eine Ricke. Rechts ist ein Schmalreh zu erkennen – jung verfärbt vor alt trifft eben in den meisten Fällen zu. Ein zügiger Haarwechsel deutet auf eine gute Kondition hin. Bei beschlagenen Stücken ist das verzögerte Verfärben jedoch völlig normal.

3

SCHMALREH – MITTE APRIL

3. Der sehr schlanke, zierliche Körper und das noch rundliche, kindliche Haupt lassen das Schmalreh erkennen. Das schon wuschelige Winterhaar wird in wenigen Tagen büschelweise ausfallen. Anfang Mai wird sich dieses Stück vermutlich schon nahezu vollständig in seiner leuchtend roten Sommerdecke präsentieren. Schmalstücke sind häufig zu ungewöhnlichen Zeiten an ungewöhnlichen Plätzen im Revier unterwegs. Sie sind ausgesprochen neugierig und ihnen fehlt zumeist noch die Erfahrung und das Bewusstsein für Gefahren. Die Bejagung von Schmalrehen und Jährlingen ist daher häufig leichter als die der erfahrenen mehrjährigen Stücke.

ZWEI REHE – MITTE MAI

4. Im Vordergrund ist ein schmächtiger Bock mit im Bast befindlichen Spießen zu erkennen. Das Stück dahinter ist deutlich großrahmiger. Hier ist eine Ricke mit ihrem vorjährigen Kitz (jetzt Jährlingsspießer) unterwegs. Beide haben schon nahezu vollständig verfärbt. Die Ricke trägt an einigen wenigen Körperstellen noch etwas mehr Winterdecke. Die deutlich erkennbare Rundung an der Bauchunterseite der Ricke kündigt die bevorstehende Geburt des nächsten Kitzes an. Ricken trennen sich von ihren Schmalstücken in der Regel erst kurz vor dem Setzakt. Diese Trennung ist dann auch im Unterschied zu Dam- und Rotwild nicht vorübergehend, sondern endgültig. Das heißt jedoch keinesfalls, dass man im Sommer nicht auch einmal ein Schmalreh bei einer Ricke mit dem neuen Nachwuchs beobachten kann!

4

5

DREI WEIBLICHE REHE – ENDE JANUAR

5. An den deutlich sichtbaren Schürzen erkennen wir hier definitiv drei weibliche Rehe – eine Ricke mit ihren beiden Rickenkitzen. In dem abgedruckten Bild ist jedoch schwer auszumachen, welches der drei Stücke die Ricke ist. Das rundliche Haupt des sichernden Stückes spricht durchaus für ein Kitz. In der Regel zieht die Ricke bei solch kleinen Familienverbänden voran.
Kommen im Winter drei Rehe, heißt das aber längst nicht immer: Ricke mit zwei Kitzen. Häufig gesellt sich zur Ricke mit einem Kitz auch mal ein Jährling oder ein mehrjähriger Bock. Und wenn die Böcke dann abgeworfen haben, heißt es in etlichen Revieren, Obacht geben! Wenn wir hier jagdlich aktiv werden wollen: bitte erst die Kitze und dann die Ricke!

6

KITZ – ENDE OKTOBER

6. In der grünen Wiese steht ein Reh, das aber schon in der Winterdecke ist. Es schaut auch schon ziemlich erwachsen aus. Doch es handelt sich um ein starkes, sehr gut entwickeltes Kitz! Wenn uns Rehe in der Winterdecke begegnen, fällt die Unterscheidung zwischen Ricke und vitalen Kitzen nicht immer leicht. Die langhaarige, dichte Winterdecke verhüllt die körperlichen Unterschiede teils vollständig.

7

MEHRJÄHRIGER BOCK – JUNI

7. Eisgraues Haupt, starker Träger, knuffige Stangen, kräftiger Wildkörper mit leichtem Senkrücken und hervortretendem Widerrist: Bei diesem Stück spricht einiges für einen mehrjährigen Bock!

RICKE MIT KITZ – ANFANG JUNI

8. Hat diese schlank wirkende Ricke ihr noch sehr kleines Kitz abgelegt und kommt in Anblick, steigt womöglich der Puls des passionierten Schmalrehjägers. Doch Vorsicht! Die Tatsache, dass dieses Stück Anfang Juni noch große Reste von Winterhaar auf der Decke trägt, ist ein deutlicher Hinweis auf ein mehrjähriges und potenziell führendes Stück. Und hier ist sogar in der Seitenansicht des Stücks das prall gefüllte Gesäuge der Ricke als „Beule“ deutlich zu erkennen.

8

9

MEHRJÄHRIGER REHBOCK – ENDE APRIL

9. Komplett verfegt, noch vollständig im Winterhaar (erst am Haupt beginnt das Verfärben) und ein massiger Träger, der breiter zu sein scheint als das Haupt, deuten auf einen mehrjährigen Bock hin. Die eher bescheidene Kopfzier lässt jedoch kaum auf große Sprünge im Hinblick auf die Trophäenstärke in den Folgejahren hoffen. Die starke Buche im Hintergrund hat im zurückliegenden Herbst beziehungsweise Winter möglicherweise keine Mast getragen. Dadurch fehlte es dem Wild unter Umständen an Äsung und damit vebunden an Energie. Im Laubholzrevier schieben Böcke in Mastjahren von Eiche und Buche häufig stärkere Gehörne als in Jahren mit fehlender Baummast. Die durchschnittlich stärkeren Gehörne sind dann bei nahezu allen Rehböcken im entsprechenden Lebensraum zu beobachten.

10

JUNGER REHBOCK – MITTE APRIL

10. Noch weitgehend im Winterhaar, aber kurz vor dem Verfärben, ist bei diesem Bock der Pinsel gut sichtbar. Er ist bei Böcken nur im Winterhaar deutlich zu erkennen. Nach dem Abwerfen ist er als Unterscheidungsmerkmal zu weiblichen Stücken sehr hilfreich. Aufgrund des beginnenden Haarwechsels, des sehr schlanken Trägers sowie der extrem hohen Rosenstöcke, würde ich diesen Bock als braven Zweijährigen ansprechen. Zweijährige Rehböcke beziehen in der Regel schon eigene Reviere. Sie können jedoch auch, bei hoher Dichte älterer Böcke und damit überwiegend besetzten Reviere, noch als Nomaden umherziehen. Wenn urplötzlich im Revier ein bislang unbekannter „Kapitalbock“ auftaucht, handelt es sich in den meisten Fällen um einen zweijährigen Bock, der ein freigewordenes Revier neu besetzt hat.

BOCKKITZ – MITTE SEPTEMBER

11. Ein geringer, kindlich wirkender Bock, der Mitte September noch im Bast ist? Das ist ein Bockkitz mit seinem sogenannten Erstlingsgehörn. Bei gut entwickelten männlichen Kitzen können diese kleinen mit Haut (nicht mit Bast) überzogenen Wülste bis zu fünf Zentimeter lang sein. Diese werden im Januar blankgescheuert und unmittelbar danach abgeworfen. Bis zum Frühjahr entwickelt sich anschließend das eigentliche erste Gehörn. Somit trägt ein Jährling mit Erstlingsgehörn schon im zweiten Lebensjahr sein zweites Gehörn. Bockkitze mit Erstlingsgehörn gehören in der Regel zum stärkeren Teil des Kitz-Kollektivs. In normalen Rehpopulationen schieben über 50 Prozent der Bockkitze ein Erstlingsgehörn. Ob Bockkitze mit starkem Erstlingsgehörn jedoch auch später zu Kapitalböcken heranreifen, ist bislang nicht belegt.

11

ALTER REHBOCK – ANFANG MAI

12. Großrahmiger Bock mit eisgrauem Gesicht, das jedoch eher kindlich wirkt. Es könnte gut zu einem Jährling passen ... Zahlreiche Fälle belegen, dass die Farbe des Gesichts häufig ausgesprochen wenig bis gar nichts mit dem Alter zu tun hat. In diesem Fall passen jedoch die graue Färbung und das Alter zusammen.
Der dünne Träger, die eingefallenen Flanken und der Hängebauch deuten auf einen recht alten Bock hin. Sowohl vom Wildbret- als auch Gehörngewicht scheint der Bock nicht sonderlich stark entwickelt. Auch die in der Decke versinkenden Rosen deuten auf kurze Rosenstöcke und damit einen älteren Bock hin.
Aber Hand aufs Herz: Die Rosenstockhöhe bei Rehböcken im Feld anzusprechen, ist in der Praxis kaum zu meistern. Die Bezeichnung „Methusalem“ wäre wohl für diesen Bock ein wenig übertrieben, aber das Stück hat seinen Zenit sicherlich überschritten.

12

13

„Reh-Roulette“ bezeichnet. Wenn wir einen Bock über mehrere Jahre kennen und das Stück bei erneuten Sichtungen auch definitiv wiedererkennen (auffällige Zeichnung der Decke, geschlitzter Lauscher etc.), ist eine Altersschätzung bedingt möglich. Doch erst wenn das Stück bereits als Kitz markiert wurde, kann das Alter am lebenden Stück bei erneuten Sichtungen exakt bestimmt werden. Die Weidmannskollegen, die auf Anhieb einen bis dato unbekannten Bock im lebendigen Zustand auf das Jahr genau ansprechen können, treten ohne Zweifel sicher auf. Ob sie aber wirklich ansprechen können, steht auf einem anderen Blatt!

REHBOCK-PORTRÄT – ANFANG MAI

13. Das kurze kompakte Haupt und der breite Träger deuten auf einen mehrjährigen Bock hin – obwohl auch diese beiden Altersmerkmale schon widerlegt wurden! So gibt es auch junge Böcke mit kurzen knuffigen Häuptern und Zweijährige mit zuweilen eher starken Trägern. Deshalb wird das Ansprechen der Böcke gelegentlich auch als

RICKE MIT ZWEI KITZEN – ANFANG JULI

14. Sobald bei den Kitzen die Fleckung auf der Decke verschwindet, erscheinen die Stücke im dunkelbraunen „Jugendkleid“. Das Verschwinden der Fleckung ist jedoch kein Haarwechsel. Bis zum Wechsel in die Winterdecke sind die Kitze neben ihrer geringeren Größe auch an dem durchschnittlich deutlich dunkleren Haarkleid gut von anderen Altersgruppen zu unterscheiden. Kitze wechseln im Durchschnitt rund zwei Wo-

14

15

chen früher in die Winterdecke als ihre zugehörigen Muttertiere.

WEIBLICHES STÜCK – ENDE MAI

15. Aus dieser Perspektive ist die Ansprache wahrlich kein Kunststück! Das pralle Gesäuge verrät die führende Ricke. Nach wenigen Wochen nimmt jedoch die Milchaufnahme der Kitze stark ab und das Gesäuge bildet sich merklich zurück. Ein kaum sichtbares Gesäuge im Spätsommer beziehungsweise Frühherbst heißt also nicht, dass das Stück nicht führend ist! Je früher Ricken ihre Kitze setzen, desto zeitiger nehmen diese dann im Sommer natürlich auch schon feste Äsung auf. Diese frühe Aufnahme fester Äsung führt dazu, dass sich die Spinne der Ricke deutlich zeitiger merklich zurückbildet. Ist sie nahezu unsichtbar, ist dies ein Hinweis darauf, dass die Kitze mehrheitlich feste Äsung aufnehmen. Vorsicht: Bei Ricken, die ihren Nachwuchs vor Kurzem frisch gesäugt haben, ist die Spinne unscheinbarer und für den Beobachter teils schwerer zu erkennen. Doch auch wenn die Kitze nicht mehr gesäugt werden, ist die Führung der Ricke für den Nachwuchs von entscheidender Bedeutung. Erfahrungen (Lage der Äsungsplätze, Straßenverkehr etc.) können dann weitergegeben werden.

JÄHRLING – ENDE MAI

16. Dieser Jährling hat ein eisgraues Gesicht. Aber der zarte, schlanke Wildkörper sowie der bescheidene Kopfschmuck sprechen eine deutliche Sprache. Auch das offensichtlich neugierige Verhalten des Stücks lassen hier keine Zweifel offen. Anhand der durchschnittlichen Trophäenstärke der Jährlinge kann eine ganz grobe Einschätzung bezüglich der Rehwilddichte im eigenen Revier getroffen werden. Sehen Jährlingsböcke im Revier überwiegend so aus oder tragen die Stücke gar noch geringere Gehörne (Knopfböcke, Spießer, geringe Gabler), wird die Rehwilddichte mit hoher Wahrscheinlichkeit verhältnismäßig hoch sein. In optimalen Biotopen sowie bei Verfügbarkeit von sehr guten Äsungsbedingungen schieben Jährlinge bei angepasster Wilddichte im Schnitt häufig deutlich stärkere Gehörne. So sind Jährlingsböcke mit Sechsergehörn in einigen Revieren in Deutschland keine Ausnahme, sondern eher die Regel. Eine Absenkung der Wilddichte kann somit die Trophäenstärke erhöhen ...

16

17

seitlichen Rundung und dem durchhängenden Bauch ist die hochträchtige Ricke eindeutig zu erkennen. Sie steht mit Sicherheit kurz vor dem Setzen. Auch das bereits prall gefüllte weißhaarige Gesäuge ist zwischen den Hinterläufen ansatzweise zu erahnen.

SCHMALREH – ENDE AUGUST

19. Im Frühjahr, wenn die Winteräsung auf die eiweißreiche Frühlingsäsung umgestellt wird, kommt es gelegentlich zu vorübergehenden Verdauungsbeschwerden bei Rehen, die jedoch meist nach kurzer Zeit abklingen. Wenn aber Ende August ein Spiegel derartig auffällig verschmutzt ist (wie bei diesem Schmalreh), darf der Heger zur Tat schreiten.

MEHRJÄHRIGER REHBOCK – ANFANG SEPTEMBER

17. Dieser Bock hat auch ein eisgraues Gesicht. Aber in diesem Fall runden das kompakte Gebäude sowie der starke Träger die Erscheinung des mehrjährigen Bockes ab. Wie alt er nun genau ist, mögen die jagdlichen Götter wissen …

RICKE – ANFANG JUNI

18. Das Stück hat Anfang Juni bereits vollständig verfärbt. Am großen Gebäude, der

ZWEI REHE – ENDE JANUAR

20. Klassische Drückjagdszene im Winter: Zwei Stücke Rehwild wechseln an. Ein Stück verhofft kurz, das andere ist schon wieder in Bewegung. Das rechte Stück ist eindeutig männlich. Trotz fehlenden Kopfschmucks ist es an der ebenso fehlenden Schürze eindeutig anzusprechen. Männliche Stücke, die Ende Januar praktisch nichts auf dem Haupt haben, sind meist Jährlinge, die

18

19

recht frisch abgeworfen und noch nicht wieder mit dem Schieben begonnen haben. Bockkitze hätten um diese Jahreszeit schon deutlich größere Bastknubbel geschoben und auch ältere Böcke hätten in der Regel schon deutlich mehr auf. Es kommt übrigens durchaus vor, dass Jährlinge und auch zweijährige Böcke sich im Winter wieder ihrer Mutter anschließen. Das linke Stück ist an der Schürze eindeutig als weibliches Reh anzusprechen. Das eher kurze Haupt spricht für das „Schmalrehschwesterchen" zum Jährling, es könnte aber auch die Ricke sein. Je nach Jagdzeit könnten entweder nur das weibliche Stück oder auch beide erlegt werden.

20

21

ZWEI WEIBLICHE REHE – ENDE JANUAR

21. Bei beiden Stücken ist deutlich die Schürze zu erkennen. Ob es sich aber um Ricke mit Rickenkitz, Ricke mit Schmalreh oder um zwei sehr stark entwickelte Rickenkitze handelt, ist nicht mit letzter Gewissheit zu sagen. Das hintere Stück macht von der Seite einen ziemlich erwachsenen Eindruck (eher Ricke), während das vordere Stück noch etwas jugendlicher wirkt (Schmalreh oder Kitz). Die dichte Winterdecke er-

22

23

schwert das Ansprechen deutlich. Jagdlich wird diese Situation zusätzlich sowohl durch die spitz stehenden Stücke als auch durch das dichte Gewirr der Himbeerpflanzen erschwert.

DREI REHE – MITTE JANUAR

22. Links im Bild sind zwei weibliche, gleichstarke Stücke zu erkennen. Sie sind aufgrund der vorhandenen Schürze leicht anzusprechen. Beide Stücke haben kurze, knuffige Häupter. Es handelt sich wohl um zwei Rickenkitze. Dann wird wohl das Stück rechts außen die Ricke sein …
Falsch gedacht! Das rechte Stück ist zwar stärker als die beiden linken, es fehlt aber definitiv die Schürze und auf dem gesenkten Haupt ist ein Bastgehörn zu erkennen. Es könnte sich auch um zwei Kitze und das dazugehörige Jährlingsbrüderchen handeln.

JUNGER REHBOCK – ENDE MAI

23. Dieser Bock hat zwar ein graues Haupt. Doch es schaut eher jung aus und obendrein sitzt es auf einem schlanken Träger. Es handelt sich um einen eher jungen Bock von vielleicht zwei bis drei Jahren. Dieser Rehbock beäste in seinem moorigen Einstand sämtliche Gehölze. An dieser Stelle im Revier ist das sogar erwünscht. Denn das Stück trug damit zur Offenhaltung des Moores bei: aktiver Naturschutz durch verbeißendes Schalenwild!

RICKE – ENDE SEPTEMBER

24. Die Großrahmigkeit und das nicht mehr rundlich geformte, kindliche Haupt weisen das Stück deutlich als Ricke aus.
In der Umgebung wird sich irgendwo der Nachwuchs aufhalten. Im September gehen viele Kitze immer schon mal gerne kurzfristig ihre eigenen Wege. Solche körperlich stark entwickelten Stücke Rehwild erhalten wir uns durch eine angemessene und teilweise auch durchaus scharfe Bejagung.

24

ROTWILD

ROTWILD ALS GESELLIGE WILDART

Rotwild lebt – abgesehen von der Brunft – das Jahr über in getrenntgeschlechtlichen Rudeln.

Nur Schmalspießer (einjährige Hirsche) und die jungen Hirsche vom 2. Kopf (zweijährige Hirsche) verbleiben oft noch im Mutterrudel. In seltenen Fällen findet der Jäger auch einmal einen dreijährigen Hirsch im Kahlwildrudel, der sich vom Rockzipfel seiner Mutter noch nicht trennen mochte.
Kahlwildrudel sind Großmutter-Mutter-Tochtergesellschaften, die normalerweise aus untereinander verwandten Individuen bestehen. Die Basis-Einheit ist das sogenannte Gynopädium, bestehend aus Alttier, Schmaltier sowie Kalb. Das ist prinzipiell der Kernverband, aus dem sich auch größere Kahlwildrudel zusammensetzen.
Zwei Wochen vor der Geburt des Kalbes trennen sich Alttiere von ihrem Rudel und ziehen allein. Zwei Wochen nach dem Setzen des Kalbes gliedern sie sich wieder ins Kahlwildrudel ein und tolerieren auch wieder Schmaltiere und Schmalspießer in ihrer Nähe. Während dieser vier Wochen um die Geburt des Kalbes ziehen dann logischerweise auch die Schmaltiere und Schmalspießer allein. Sie schließen sich aber auch häufig zu kleinen Schmaltier-Schmalspießer-Rudeln zusammen. Sowohl Schmaltiere als auch Schmalspießer können sich während dieser Phasen aber sogar Hirschrudeln anschließen – nur um als Rudeltier ja nicht allein zu sein!
Hirschrudel sind deutlich offenere Gesellschaften als Kahlwildrudel. Die Zusammensetzungen wechseln im Verlaufe eines Jahres immer mal wieder: Einzelne Hirsche kommen hinzu, andere verlassen das Rudel. Es kommt auch immer mal wieder zu kompletten Rudeltrennungen oder zur Vereinigung kleinerer Rudel zu größeren Einheiten. Junge und mittelalte Hirsche vereinigen sich oft zu größeren Rudeln. Alte Hirsche sind häufig Solisten oder gehen zusammen mit einem weiteren Hirsch (Adjutant).

INFO

— Lebendgewicht: Hirsche bis 250 kg, Alttiere bis 120 kg
— Körperlänge: Hirsche bis 210 cm, Alttiere bis 190 cm
— Körperhöhe: Hirsche bis 130 cm, Alttiere bis 115 cm
— Trophäenmaximum: im Alter von 10 bis 15 Jahren

WEIBLICHES ROTWILD

Beim Kahlwild muss der Jagdpraktiker zwischen Kälbern, Schmaltieren sowie Alttieren sicher unterscheiden können.

KALB

In den ersten Lebenswochen ist das Kalb schon aufgrund der geringen Körpergröße und der ausgeprägten Fleckung der Decke nicht mit anderen Altersklassen zu verwechseln. Die Fleckung beginnt mit rund sechs Wochen langsam im braunen Sommerhaar zu verschwimmen. Sie verschwindet aber erst vollständig mit dem herbstlichen Haarwechsel (September) ins Winterhaar.
In manchen Populationen gibt es auch mehrjährige Stücke (Alttiere und Hirsche), die an manchen Deckenpartien – eine häufig aber eher blasse – Fleckung zeigen. Diese Fleckenpartien können sich durchaus ein ganzes Leben lang halten, aber auch ebenso wieder verschwinden.
Sehr gut entwickelte Kälber können im Verlaufe des Herbstes in sehr seltenen Fällen mit sehr schwach entwickelten Schmaltieren verwechselt werden. Aber selbst, wenn die Körpergröße nahezu identisch sein sollte, ist das Haupt des Kalbes meist noch kindlich runder und kürzer als das des Schmaltiers.
In den ersten beiden Wochen nach dem Setzen (die meisten Geburten liegen um den Monatswechsel Mai/Juni) wird das Kalb regelmäßig abgelegt beziehungsweise legt sich das Kalb eigentlich eher selbst ab. Das Alttier verlässt das Kalb nach dem Säugen und der Nachwuchs wählt dann im näheren Umfeld zumeist eigenständig einen Ablege-Platz. Da das Kalb nur wenige Minuten säugt und sich danach wieder ablegt, begegnet der Jäger in der intensivsten Kälber-Ablegezeit sehr häufig alleinziehenden Alttieren.
In diesen ersten zwei Wochen sind Alttiere und Kälber bis zu 23 Stunden pro Tag voneinander getrennt. Schmalspießer und Schmaltiere sind zwar zu dieser Zeit nicht unmittelbar bei Alttier und Kalb. Sie halten sich aber in der unmittelbaren Nähe auf.

Die Fleckentarnung der Kälber wirkt im Licht-Schattenspiel optimal.

Kälber legen sich in den ersten zwei Lebenswochen regelmäßig ab.

In unserer äsungsreichen Landschaft setzt nahezu jedes Alttier jährlich ein Kalb. Zwillinge sind sehr selten.

Zwei bis drei Wochen nach dem Setzen finden sich die Alttiere mit den Kälbern entweder wieder in den größeren Kahlwildrudeln zusammen oder bleiben weiterhin unter sich. Im Unterschied zu den Wochen zuvor werden ab jetzt aber auch wieder Schmaltiere beziehungsweise Schmalspießer geduldet. Zuweilen werden dann in größeren Kahlwildrudeln auch zeitweilig ganze Kälberkollektive unter der Obhut eines oder mehrerer älterer Stücke in sogenannten „Kindergärten" betreut. Dann können die dazugehörigen Alttiere sich auch in der Rudelphase vorübergehend deutlich von den Kälbern entfernen und für den Beobachter scheinbar kälberlos sein.

Starkes Schmaltier oder junges Alttier? Keine eindeutige Situation.

UNTERSCHEIDUNG HIRSCHKALB – WILDKALB?

Eine Unterscheidung im Feld für die jagdliche Praxis ist relativ schwierig – es sei denn, das Kalb nässt: **Wildkälber nässen hinter sich, Hirschkälber nässen unter sich.**

Im Spätherbst ist bei Hirschkälbern (mit viel gutem Willen) in einigen Fällen schon der Ansatz einer Brunftmähne zu entdecken. Außerdem sind Hirschkälber in der Färbung häufig einen Tick dunkler als Wildkälber.

In jüngster Zeit wird die Ansprache über den „Fesselblick" oder auch den „Spiegelblick" empfohlen. Da Wildkälber hinter sich nässen, zeigen sowohl der Spiegel als auch die Fesseln an den Hinterläufen manchmal leicht gelblich-bräunliche Verfärbungen. Diese fehlen bei den Hirschkälbern.

Wenn Zeit zur genauen Ansprache vorhanden ist und der Abschuss weiblichen Wildes (beispielsweise in einer Reduktionsphase) besonders forciert werden soll, kann dieses Merkmal gewiss hilfreich sein, um bevorzugt weibliche Kälber zu erlegen. Die Unterscheidung der Geschlechter in der Kälberklasse bleibt aber in der Praxis nach wie vor schwierig. So ist auch das Fesselmerkmal in vielen jagdlichen Situationen (Dämmerlicht, Drückjagd) gewiss kaum ansprechbar.

SCHMALTIER

Am 1. April des auf die Geburt folgenden Jahres wechselt das Kalb in die Altersklasse der Schmaltiere. Da das Wachstum der Kälber über die Wintermonate (November bis März) praktisch stagniert, befinden sich zum Auftakt der Schmaltierjagd (in einigen Bundesländern schon im April) noch viele sehr kälberähnliche Schmalstücke in der Population. Die Unterscheidung von Schmal- und Alttieren ist logischerweise umso ein-

facher, je mehr die Schmaltiere dann noch aussehen wie Winterkälber.
Das noch deutlich kürzere Haupt und der geringere, kürzere Wildkörper (in Relation zu den Alttieren) sind wesentliche Erkennungsmerkmale des Schmaltieres während des Frühjahrs. Hinzu kommt, dass im April/Mai die meisten trächtigen Alttiere kurz vor dem Setzen stehen und dies auch durch die ausgesprochen rundliche Figur in der Regel gut zu erkennen ist. Hier ist aber äußerste Vorsicht geboten! Es gibt auch durchaus Alttiere, denen man die Trächtigkeit kaum ansieht. Weiteres wichtiges Ansprechmerkmal in dieser Phase ist der Zeitpunkt des Haarwechsels. Schmaltiere wechseln in der Regel früher ins Sommerhaar als die energetisch durch die Trächtigkeit belasteten Alttiere.
Haben – insbesondere junge – Alttiere dann aber frisch gesetzt, wirken sie ausgesprochen schlank. Sie haben auffallend eingefallene Flanken und wirken daher auch teils schmaltierähnlich. Exakt zu dieser Zeit werden die Kälber noch abgelegt und die Schmaltiere haben einen deutlichen Wachstumsschub hinter sich. Im Zeitraum rund um den Monat Juni ist das Unterscheiden von Alt- sowie Schmaltieren daher schwierig. Vorher ist die Unterscheidungsmöglichkeit besser und nach dieser Zeit ebenfalls, da dann sowohl die Kälber als auch die Schmaltiere wieder gemeinsam mit den Alttieren ziehen.
Je weiter das Jahr voranschreitet, desto stärker gleicht sich das Aussehen der Schmaltiere dem der Alttiere an und desto schwieriger wird die sichere Ansprache. Im Herbst sind dann gut entwickelte Schmaltiere kaum mehr von Alttieren zu unterscheiden.

ALTTIER

In der Regel wird die Klasse vom zweijährigen „Jung-Alttier“ bis zum „gelten Alttier“ zur Klasse der Alttiere zusammengefasst. Bei den Hirschen wird da deutlich stärker differenziert!
Mit einem Alter von fast zwei Jahren wird aus dem Schmaltier am 1. April ein Alttier. Bis etwa zum 5. Lebensjahr nimmt aber

Noch sehr hochläufig und schlank: ein Schmaltier im Herbst

Vermutlich ein junges Alttier

die Körpermasse beim weiblichen Rotwild zu. Erst dann können wir eigentlich von einem ausgewachsenen „reifen" Alttier sprechen. Vor allem das Setzen des ersten Kalbes verändert den Wildkörper wesentlich. Die bis dahin eher gerade Bauchlinie beginnt sich zu wölben. Dieses Merkmal verstärkt sich im Verlaufe des weiteren Lebens und weiterer Geburten. Alte Alttiere haben dann einen ausgeprägten Hängebauch. Im höheren Alter kommt dann noch ein Senkrücken hinzu.
Ein klassisches Alttiermerkmal ist das lange, geigenkastenförmige Haupt. Das Haupt des Schmaltiers ist dagegen eher noch kurz-dreieckig und häufig eher spitz. Das Haupt des Alttiers streckt sich vor allem im Bereich des Windfangs – es bekommt eine „lange Nase". Je länger das Haupt des Alttiers wirkt, desto älter ist in der Regel auch das Stück. Bei wirklich alten Stücken treten die Augenbögen hervor und rund um die Lichter bilden sich häufig weiße Haare, die manchmal auf das gesamte Haupt übergreifen. Das Haupt sehr alter Stücke ist dann sprichwörtlich nur noch „Haut und Knochen" und die Erscheinung des langen Hauptes wird dadurch noch plastischer. Wir sprechen vom „trockenen Haupt" betagter Alttiere.
Kurz nach dem Säugen ist die praktisch leere Spinne bei Alttieren kaum zu erkennen. Wenn also bei einem adulten weiblichen Stück Rotwild praktisch keine Spinne zu erkennen ist, heißt das ... gar nichts! Es kann sich bei dem beobachteten Stück ebenfalls um ein führendes Alttier handeln. Wenn der Jäger bei einem offenbar kälberlosen Stück eine prall gefüllte, deutlich sichtbare Spinne sieht, weiß er, dass er mit Sicherheit ein führendes Stück vor sich hat.

DEUTLICH SICHTBARE SPINNE!?

Wie viele Bilder und dazugehörige Texte habe ich in den vergangenen Jahrzehnten gelesen, in denen sich Formulierungen fanden wie „hier ist die Spinne deutlich zu erkennen" oder „zwischen den Hinterläufen tritt hier deutlich die Spinne hervor"? In den meisten Fällen erkennt der Betrachter jedoch praktisch nichts! Zumindest dann nicht, wenn er nicht weiß, wie ein Stück aussieht, das eine Spinne hat oder dem ebendiese fehlt. Wohl am einprägsamsten ist hier das Bild in einer Situation, in der der Beobachter einem Schmaltier beziehungsweise nicht führenden Alttier neben einem führenden Alttier von hinten zwischen die Läufe schauen kann. In solch einer Situation kann der Beobachter sich das Bild einprägen und mit diesem Wissen in Zukunft womöglich eine prall gefüllte Spinne auch wirklich von einer nicht gefüllten oder nicht vorhandenen Spinne unterscheiden.

Eine deutlich erkennbare Spinne bei einem Alttier

MÄNNLICHES ROTWILD

Ob ein Abschuss als „richtig" oder „falsch" gewertet wird, hängt bei Hirschen im Wesentlichen vom Alter ab. Deshalb kommt der Altersansprache hier besondere Bedeutung zu.

SCHMALSPIESSER – 1. KOPF

Rotschmalspießer sind an ihrer schlanken, hochläufigen, jugendlichen Figur, dem klassischen Kopfschmuck (Spieße) und dem noch lebhaften Wesen gut von älteren Hirschen zu unterscheiden. Sie tragen das Haupt hoch erhoben und halten den Träger nahezu senkrecht. Schmalspießer wechseln im Mai ins Sommerhaar und meist schon im September ins Winterhaar. Die Geweihbildung beginnt ungefähr mit dem Wechsel des Hirschkalbs in die Altersklasse des Schmalspießers (also am 1. April). Rotschmalspießer fegen meist erst im September und werfen im April/Mai ihre Spieße ab.

Meist tragen einjährige Hirsche nur Spieße, die jedoch je nach Energieüberschuss unterschiedlich lang und dick sein können. Markantes Geweihmerkmal für den Hirsch vom 1. Kopf ist die an der Geweihbasis fehlende Rose. Dem Erstlingsgeweih des Rothirsches fehlt dieser Knochenkranz, den alle Hirsche ab dem 2. Kopf zeigen. Manchmal ist die Basis der Spieße auffällig stark (wie es bei Damschmalspießern häufiger vorkommt). Diese Verdickung ist jedoch mit der klar strukturierten Rose eigentlich nicht zu verwechseln. Bei Schmalspießern ist zudem der extrem hohe und schmale Rosenstock in der Regel (vor allem in der Sommerdecke) gut zu erkennen, der noch deutlich zwischen Schädel und Geweih über die Schädeldecke hinausragt.

Einjährige Rothirsche schieben heutzutage häufig zusätzliche Geweihenden, die sich aber fast immer ausschließlich im Kronenbereich ausbilden. Bei Gabeln werden die Hirsche dann Hochgabler oder bei kleinen Kronen Kronenspießer genannt. Zuweilen finden sich bei gut veranlagten Spießern auch kleine Knubbel im Augsprossenbereich, die wie winzige Enden aussehen können. Echte Augsprossengabler sind jedoch in der Regel Hirsche vom 2. Kopf, die aber heutzutage nur noch extrem selten vorkommen.

Zwei durchschnittlich entwickelte Schmalspießer

Schmalspießer – in diesem Fall als üppig entwickelter „Kronenspießer“

JUNGE „SUPERHIRSCHE“ ÜBERALL!

Bei jungen Rothirschen vom 1. Kopf sind manche „Geweih-Plus-Varianten“, wie beispielsweise Augsprossengabler, Hochgabler oder Kronenspießer in etlichen Populationen inzwischen relativ häufig zu beobachten. Die Speerspitze jener Entwicklung war für mich bislang ein ungerader Kronenzehner vom 1. Kopf! Das ist in der Tat ein eher neuartiger Rotwild-Geweih-Terminus, den man erst mal verinnerlichen muss. So entwickelt sich aber mit den neuen prallen Geweih-Formen auch die Jägersprache kontinuierlich weiter.

VERWECHSLUNGSGEFAHR!

Sowohl Hirsche vom 1. Kopf tragen im Frühjahr kleine „Bastknubbel“ (die werdenden Spieße) als auch Hirsche vom 2. Kopf können dann die ersten „Bastknubbel“ ihres dann zweiten wachsenden Geweihs geschoben haben. In der frühen Schiebephase der Hirsche vom 2. Kopf, in der noch keinerlei Endenverzweigung sichtbar ist, kann es (bei überwiegender Altersansprache auf Grundlage von Geweihmerkmalen) durchaus zu Verwechslungen zwischen Hirschen vom 1. sowie 2. Kopf kommen. Da die Spießer zu dieser Zeit oft einzeln ziehen und auch junge Hirsche gelegentlich solo unterwegs sind, kann für den ungeübten Jäger die körperliche Unterscheidung zwischen dem 1. und zweiten 2. Kopf, ohne jeglichen Vergleich, schwierig sein. Schmalspießer sind aber im Durchschnitt körperlich deutlich schwächer als Hirsche vom 2. Kopf und die Geweihbasis (der „Bastknubbel“) ist bei Schmalspießern ebenfalls meist deutlich geringer als bei zweijährigen Hirschen.

Mit dem Altersschritt vom 1. auf den 2. Kopf können Hirsche bis zu 25 Prozent an Körpergewicht zulegen. Der Hirsch vom 2. Kopf ist also etwa ein Viertel stärker in der Körpermasse als der noch kindlich-junge Spießer. Aber da es natürlich auch schon mal körperlich extrem starke Spießer und sehr schwache

Schmalspießer im Frühling mit kurzen Baststümpfen

Hirsch vom 2. Kopf. Im Frühling mit kurzen Baststümpfen

Hirsche vom 2. Kopf gibt, sollte der Jäger höchste Vorsicht bei der „Knubbelspießerbejagung“ im Frühjahr walten lassen!

JUNGE HIRSCHE – 2.–4. KOPF

Vom Schmalspießer bis zum Hirsch vom 5. Kopf findet eine recht deutliche körperliche Entwicklung statt – die Hirsche werden erwachsen. In diesen Jahren ist das Geweih durchaus noch ein recht hilfreiches Ansprechmerkmal, da die aufgenommene Energie fast ausschließlich in den Körperaufbau gesteckt wird und das Geweih nur mehr wenig abbekommt. Mit einem Alter von fünf Jahren sind Rothirsche körperlich ausgewachsen und können viel mehr Energie in ihr Geweih investieren.
Hirsche vom 2. Kopf sind heute (je nach Äsungsverfügbarkeit) meist Sechser oder Achter. In zahlreichen Populationen, die auf eine ausreichende Äsung zurückgreifen können, schieben Hirsche vom 2. Kopf auch schon kleine zarte Dreier- oder gar Viererkronen und werden dann zum Zehner beziehungsweise Zwölfer. Der 2. Kopf ist an den stets noch sehr hohen Rosenstöcken gut zu erkennen, die ähnlich wie beim Spießer noch weit über die Schädeldecke hinausragen. Hirsche vom 2. Kopf fegen ihr Geweih meist erst Anfang bis Mitte August und werfen dann im April ab.

KRONE(N) ALS STANDARD

Beim 3. Kopf ist die ein- oder gar beidseitige Krone vielerorts Standard und den Sechser oder Achter muss der Weidmann bei Geweihten dieses Alters zuweilen schon suchen. Bei Geweihten vom 3. sowie 4. Kopf ist der Rosenstock meist noch gut sichtbar und die Augsprosse hat häufig schon einen leichten Schwung, während sie beim 2. Kopf oft noch recht gerade verläuft. Der Rosenstock hat längst nicht mehr die Länge wie beim Spießer oder bei Hirschen vom 2. Kopf. Hirsche vom 3. sowie 4. Kopf fegen meist Ende Juli und werfen Ende März bis Anfang April ab. Auch sie legen körperlich gegenüber dem 2. Kopf noch einmal zu. Ebenso ist die körperliche Entwicklung von Hirschen des 3. zu Hirschen des 4. Kopfes nach Drechsler noch einmal beträchtlich.

GEWEIHANATOMIE

Man geht immer vom Hirsch aus: Die rechte Stange ist also diejenige, die der Hirsch auf seiner rechten Körperseite trägt.

- Augsprosse: Vom Rosenstock aufsteigend gesehen erste Sprosse, die direkt über dem Licht (Auge) sitzt.
- Eissprosse: Diese Sprosse schließt sich direkt oberhalb der Augsprosse an. Sie ist häufig schwächer als die Augsprosse, teils gleichstark und selten stärker.
- Mittelsprosse: Separates Ende zwischen der Krone oder Gabel am oberen Ende der Stange und der Aug- und/oder Eissprosse unterhalb.
- Die Enden oberhalb der Mittelsprosse werden als Gabel (zwei Enden) oder Krone (drei Enden oder mehr) bezeichnet.

Besitzt der Hirsch – was auch bei zurückgesetzten Hirschen äußerst selten vorkommt – nur eine lange, praktisch endenlose Stange, spricht der Jäger auch von einem „Mordhirsch“. Diese Bezeichnung kommt zustande, da Kämpfe mit diesem Hirsch – aufgrund des fehlenden Widerlagers weiterer Enden – für den Gegner durchaus tödlich enden können.

Hochläufig, schlanker Träger, jugendliches Haupt, gut sichtbare Rosenstöcke: ein Hirsch vom 2. Kopf

In Relation zum Schmalspießer nimmt die Körperstärke der jungen Hirsche beim 2. Kopf um rund 25 Prozent, beim 3. Kopf um etwa 40 Prozent, beim 4. Kopf um rund 60 Prozent und beim 5. Kopf um circa 80 Prozent zu.

Hat der Jäger sich mit den durchschnittlichen Stärken der jeweiligen Hirschjahrgänge seiner zu bejagenden Population einmal vertraut gemacht, dürfte es möglich sein, zumindest die Durchschnittstypen in den ersten vier Hirschjahrgängen mehr oder minder exakt anzusprechen.

Da Rothirsche erst zwischen dem 4. und 5. Kopf körperlich ausgewachsen sind, zeigen sie bis einschließlich des 4. Kopfes (in manchen schwächeren Populationen auch noch mit dem 5. Kopf) die typischen Jugendgeweihe. Ich bezeichne sie daher gelegentlich auch gerne als „Milch-Geweihe" (analog zu Milchzähnen), da ihnen das massive, erwachsene Erscheinungsbild der Altersgeweihe ab dem 5. bis 6. Kopf fehlt. Rothirsche nehmen vom 2. bis zum 4. beziehungsweise 5. Kopf nur unmerklich in der Stangenstärke zu. Meist werden die Stangen nur länger sowie endenreicher. Zum 3. und 4. Kopf kommen so beispielsweise häufig Eissprossen und weitere Kronenenden hinzu. Insgesamt bleiben die Geweihe jedoch bis zum Sprung vom 4. auf den 5. beziehungsweise 5. auf den 6. Kopf dünnstangig.

Deutlich stärkerer Träger und kein „Milchgeweih" mehr: mittelalter Hirsch um den 5. bis 6. Kopf

MITTELALTE HIRSCHE – 5.–9. KOPF

Mit vier bis fünf Jahren ist ein Rothirsch körperlich weitgehend ausgewachsen. Ab diesem Alter muss er deshalb kaum mehr Energie in den Körperaufbau stecken und hat so in der Regel ausreichend Reserven für den Geweihaufbau. Ab dem 5. beziehungsweise 6. Kopf sind daher bei gut veranlagten Hirschen schon gewaltige Geweihstärken zu beobachten, die schwächere Hirsche erst im hohen Alter oder gar nie erreichen. Vom 4. auf den 5. oder vom 5. auf den 6. Kopf zeigen zahlreiche Hirsche daher einen deutlich sichtbaren Sprung in der Geweihentwicklung. Die Geweihmasse nimmt enorm zu und eine eher eilige Ansprache kann bei sehr gut veranlagten Hirschen vom 5. beziehungsweise 6. Kopf schon mal zu deutlich überzogenen Altersschätzungen und daher falschen Handlungen führen.

REIFE HIRSCHE AB DEM 10. KOPF

In vielen Rotwildgebieten wird der Hirsch ab dem 10. Kopf als reif bezeichnet – geweihreif ist er allerdings normalerweise nicht vor dem 12. Kopf. Wenn der Jäger sich an Reife orientieren will, sollte daher das Reifealter ab dem 12. Kopf angesetzt werden. Häufig schieben Rothirsche erst dann ihr stärkstes Geweih, wenn sie sich nicht mehr aktiv an der Brunft beteiligen und so ihre Energieressourcen schonen. Die brunftaktivsten Hirsche sind Stücke zwischen dem 8. und 10. Kopf. In diesem Alter verlieren sie durch den regen Brunftbetrieb häufig bis zu ein Viertel ihrer Körpermasse, die sie dann in den Folgemonaten wieder aufbauen müssen. Für das Geweihwachstum des folgenden Jahres bleibt so häufig nicht mehr ausreichend Energie übrig. Dies ist zumindest der bisherige Erklärungsansatz für den Sprung in der Geweihentwicklung, den brunftpassivere Hirsche zwischen dem 12. und 14. bis 15. Kopf noch machen können.

WESENTLICHE KÖRPERMERKMALE DES REIFEN HIRSCHES

Das Haupt des reifen Hirsches wirkt breit, kurz und bullig. Es wird beim entspannten Ziehen nahezu auf der Höhe der Rückenlinie getragen. Häufig machen alte Hirsche beim entspannten Ziehen nickende Kopfbewegungen. Der Träger setzt sich kaum mehr vom restlichen Wildkörper ab: Rumpf und Träger verschwimmen ineinander und bilden augenscheinlich eine Einheit. Die Masse ruht scheinbar auf den Vorderläufen und auch die Körpermitte des Hirsches scheint sich dort zu befinden. Reife Hirsche zeigen häufig einen ausgeprägten Widerrist mit anschließendem Senkrücken. Der tiefste Bauchpunkt liegt dann nicht mehr mittig, sondern verschiebt sich nach hinten in den Bereich kurz vor den Hinterläufen. Der Bauch senkt sich scheinbar in Richtung der Hinterläufe ab.

Bulliges Haupt, deutliche Wamme, massiger Träger – dieser Hirsch ist zehn Jahre und älter.

1. Schmalspießer (perspektivisch weit vor Nr.2); 2. junger Hirsch; 3. mittelalter Hirsch; 4. alter Hirsch

Häufig tritt bei alten Hirschen – ebenso wie bei Seniorinnen unter den Alttieren – das Brustbein deutlich hervor: Der Hirsch bekommt einen „Kern".
Hirsche ab dem 10. Kopf tragen fast immer eine ausgeprägte Wamme (Hautfalte unter dem Haupt: das Doppelkinn des Hirsches), die im Verlauf der Reifejahre dann meist noch ausgeprägter wird. Doch Vorsicht! Es gibt aber durchaus schon einmal jüngere Hirsche mit einer ausgeprägten Wamme. Von der Seite betrachtet bilden die Keulen reifer Hirsche häufig eine senkrecht nach oben verlaufende gerade Linie. Bei jüngeren und auch bei mittelalten Geweihten verläuft die Linie vom oberen Bereich der Hinterläufe eher nach oben hinten und nicht senkrecht nach oben. In freier Wildbahn ist dieses Merkmal aber nur selten für den Jäger erfassbar. Am ehesten gelingt dies wohl bei direkter Vergleichsmöglichkeit von zwei Hirschen, die gleichzeitig beobachtet werden können.

MEHRJÄHRIGER PLATZHIRSCH

Wenn ein Hirsch das dritte oder vierte Jahr als Platzhirsch auf dem Brunftplatz auftaucht, ist der Hirsch mindestens vom 10. Kopf oder älter. Dies gilt jedoch nur, wenn in der Rotwildpopulation ein naturnaher Altersklassenaufbau vorliegt. Fehlen mittelalte sowie alte Hirsche nahezu vollständig, können auch deutlich jüngere Hirsche die Rolle des Platzhirsches einnehmen. Unter anderem aus Gehegebeobachtungen ist bekannt, dass beim Fehlen älterer Hirsche selbst schwache Spießer erfolgreich auf dem Brunftplatz sein können.

PLATZHIRSCH = BRUNFTROT?!

Brunftaktive Hirsche wechseln häufig erst nach der Brunft ins Winterhaar und sind daher oft bis in den Oktober hinein kräftig rot. Die Winterdecke wäre zur Brunftzeit wohl auch eher störend: Bei der starken körperlichen Aktivität würde die isolierende Winterdecke höchstwahrscheinlich zügig zur Überhitzung des Wildkörpers führen. Verlässlich ist dieses Merkmal zur Altersansprache jedoch keineswegs. So kommt es vor, dass auch reife Hirsche bereits in der Brunft verfärben oder junge Geweihte bis nach der Brunft ihre rote Sommerdecke behalten.

ÜBERALTERTE HIRSCHE

Meist um den 16. Kopf beginnen Hirsche merklich abzubauen. Wegen Verschleißerscheinungen der Zähne sowie Störungen im Verdauungsapparat kommt es zu mangelhafter Verwertung der aufgenommenen Äsung. Folge davon ist Muskelabbau, der sich vor allem im Bereich der Beckenknochen, der Rippenbögen und im Bereich von Rücken und Widerrist andeutet. Die Figur überalterter Hirsche erinnert somit häufig wieder an Geweihte vom 2. Kopf oder gar Schmalspießer. Bei überalterten Stücken sind häufig arthritische, dicke Gelenke zu sehen und ihre Körperbewegungen wirken nicht mehr „rund".
Auch das Geweih entwickelt sich aus den vorgenannten Gründen häufig nur noch sehr unvollständig. Enden sind oft verkürzt und zeigen teils Wimmerwuchs, der sich häufig in einem oder mehreren Knicken an den Enden äußert. Manchmal fallen bislang standardmäßig ausgebildete Geweihenden – vor allem Eis- sowie Mittelsprossen – auch völlig aus und auch die Krone bildet sich in vielen Fällen nicht mehr vollständig aus. Häufig gibt es auch ausgesprochene Asymmetrien im Geweihaufbau, da die Kraft nur noch für die Entwicklung einer Stange ausreicht. Die andere Stange fällt dann teils deutlich zurück. Geweihe von altersbedingt zurückgesetzten Hirschen gehören zu den bizarrsten und interessantesten Erscheinungen in der heimischen Natur. Für viele Jäger sind diese Trophäen daher noch reizvoller als die beidseitig-kapitaler Kronenhirsche.

Geweih eines uralten, stark zurückgesetzten Hirsches. Typisch sind die nicht mehr klar erkennbaren Rosen.

WEISHEITEN VERSIERTER KOLLEGEN

Wirklich versierte Kollegen sagen bei Rothirschen: „Wenn man sie schon ein paar Jahre kennt, kann man ungefähr sagen, wie alt sie sind. Wenn ein Hirsch jedoch neu in einem Revier auftaucht und er bis dato völlig unbekannt war, ist das Ansprechen häufig wirklich sehr schwierig."
Natürlich gibt es eindeutig reife Hirsche, bei denen der Jäger einmal hinschaut, und schon ist die Erkenntnis da, dass der Geweihte reif ist. Aber es gibt nun einmal bei Rothirschen wie bei den Damhirschen (und bei den anderen wilden Tieren ...) eine ganze Menge Wackelkandidaten und Grenzfälle – und das alte Bibelzitat „wer ohne Sünde sei, werfe den ersten Stein" passt gewiss auch hierher. Nur diejenigen, die noch nicht ausreichend lange und viel gejagt haben, haben sich noch nie geirrt!

REIFE HIRSCHE SIND WICHTIG

Ich möchte hier aber keinesfalls falsch verstanden werden. Alte Hirsche und ein ausgewogenes Geschlechter- und Alterklassenverhältnis sind wichtig! Reife Hirsche sorgen für einen reibungslosen und zügigen Brunftverlauf und dafür, dass die Kälber im kommenden Jahr zur optimalen Zeit geboren werden. Fehlen reife Hirsche, zieht sich die Brunft häufig in die Länge und weibliche Stücke werden erfolgreich erst beim 2. oder gar 3. Eisprung beschlagen. Kommt ein „Fehlabschuss" bei einem Jäger einmal versehentlich und einmalig vor, sollte er aus meiner Sicht nicht gleich „über Gebühr" gemaßregelt werden. Schießen Jäger jedoch wiederholt deutlich zu junge Kapitalhirsche, dürfen sie durchaus „darauf hingewiesen werden"!

Haben reife Hirsche in mehreren Jahren in der Brunft ihre Gene weitergegeben, dürfen diese Geweihten natürlich auch guten Gewissens geerntet werden. Übrigens glaube ich, dass sich deutlich mehr alte, heimliche Hirsche in den heimischen Rotwildpopulationen tummeln, als wir Jäger gemeinhin so annehmen – obwohl sich deren Zahl im Zeitalter von Wildkameras und Nachtsicht beziehungsweise Wärmebildttechnik möglicherweise verringert haben mag. Gleiches gilt vermutlich auch für alle anderen einheimischen Schalenwildarten.

Ein eindeutiger Fall! Es handelt sich um einen entspannt ziehenden, reifen Hirsch.

IM VERLAUF DER BRUNFT IMMER ÄLTER

Das Erscheinungsbild brunftaktiver Hirsche wandelt sich vom Ende der Feistzeit bis zum Ende der Brunft gewaltig. Sie nehmen während der Brunft kaum Äsung auf und verlieren durch ihre körperliche Aktivität soviel Energie, dass sie gegen Ende der Brunft 15 bis 20 Prozent ihrer Körpermasse verloren haben. Nach ihrer liebesgetriebenen Diät sind sie abgebrunftet und häufig auch ein wenig abgekommen.

Was bleibt, sind der starke, massige Träger mit der deutlichen Brunftmähne und die breite massige Brust mit dem deutlichen Vorschlag. Hinter dem Blatt sind bei etlichen Hirschen in dieser Zeit die Rippenbögen sichtbar. Die Flanken sind aufgrund des leeren Pansens eingefallen und die Rückenlinie scheint ebenfalls zu den Keulen hin abzufallen. Dadurch wirkt die Hinterhand deutlich schmaler und magerer als die Vorderhand. Aufgrund dieser körperlichen Veränderungen verlagert sich der Körperschwerpunkt der Hirsche im Verlauf der Brunft immer weiter nach vorne und auch mittelalte Hirsche scheinen die klassischen Merkmale eines alten, reifen Hirsches zu zeigen. Also Vorsicht, wenn zum Ende der Brunft plötzlich vermehrt „reife Hirsche" auftauchen!

ALTERSANSPRACHE AM ERLEGTEN WILD

Beim Rotwild können die drei wesentlichen jagdlichen Altersklassen (Kalb, Schmalstücke, zweijährig und älter) eindeutig anhand des

Zahnwechsels unterschieden werden, da der Zahnwechsel erst mit dem 27. bis 28. Lebensmonat vollständig abgeschlossen ist.

KALB

Im vierten Lebensmonat erscheint der erste Molar. Er bricht also während der Jagdzeit auf Rotkälber im September/Oktober durch.

SCHMALTIER/SCHMALSPIESSER

Bei Stücken mit einem Alter von elf bis zwölf Monaten erscheint der zweite Molar. Schmalstücke haben also während der frühen Jagdzeit im April/Mai nur den ersten Molar. Während der Rotwildjagdzeit ab 1. August ist jedoch auch schon der zweite Molar sichtbar. Gegen Ende der Jagdzeit (November/Dezember) kann bereits der dritte Molar durchbrechen. Der dritte Prämolar ist bei Schmalstücken noch als dreiteiliger Milchzahn vorhanden.

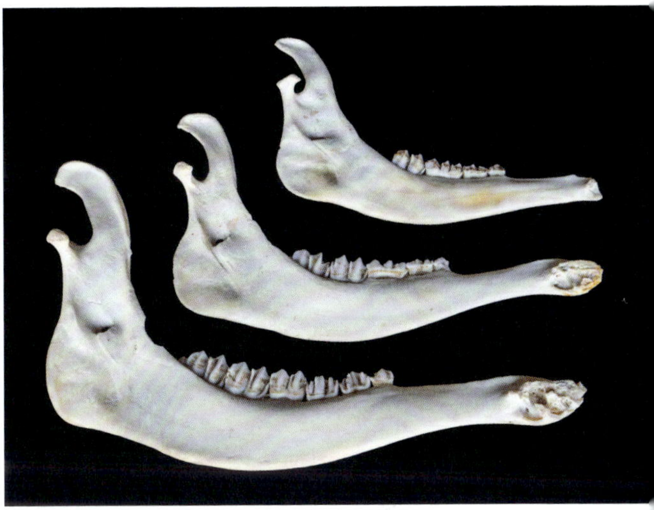

Die Gebissentwicklung im Überblick Oben: Kalb; Mitte: Schmalstück; unten: adultes Stück

ALTERSKLASSEN BEIM ROTWILD

Weibliches Wild

- Wildkalb: Weibliches Stück von der Geburt bis zum 31. März des auf die Geburt folgenden Jahres
- Schmaltier: Weibliches Stück vom 1. April des auf die Geburt folgenden Jahres bis zum 31. März des 3. Lebensjahres
- Alttiere: Weibliche Stücke ab dem 1. April des 3. Lebensjahres

Männliches Wild

- Hirschkalb: Männliches Stück von der Geburt bis zum 31. März des auf die Geburt folgenden Jahres
- Schmalspießer: Junger Hirsch vom 1. April des auf die Geburt folgenden Jahres bis zum 31. März seines 3. Lebensjahres
- Junge Hirsche (2.–4. Kopf): Männliche Stücke, die sich im dritten bis fünften Lebensjahr befinden
- Mittelalte Hirsche (5.–9. Kopf): Männliche Stücke, die sich im sechsten bis zehnten Lebensjahr befinden
- Reife Hirsche (10. Kopf und älter): Männliche Stücke ab dem 11. Lebensjahr

MEHRJÄHRIGE STÜCKE

Im Alter von 22 bis 25 Monaten wechselt der dritte Prämolar vom dreiteiligen Milchzahn auf den zweiteiligen Dauerzahn. Alle drei Molaren sind dann bereits vorhanden. Ist der dritte Prämolar zweiteilig und sind alle drei Molaren vorhanden, ist das Stück mindestens zwei Jahre alt.

SONDERSTELLUNG DES M3

Der dritte Molar bricht in der Entwicklung als letztes durch. Sein dritter, hinterer Teil berührt in der Regel erst mit einem Alter von rund 48 Monaten sein Widerlager im oberen Kieferast. Dieser Teil des M3 wird also zu diesem Zeitpunkt erstmalig angeschliffen. Der An- beziehungsweise Abschliff dieses Zahns erlaubt demnach noch eine relativ sichere Altersansprache bis zum 6. Kopf beziehungsweise 7. Lebensjahr.

ROTWILD – ANSPRECHTEIL

ALTES ALTTIER – ENDE AUGUST

1. Eindeutig ein älteres Alttier, aber mit noch kräftigem, vitalem Körperbau und langem, geigenkastenartigem Haupt. Die Haut liegt schon eng am Haupt an, die Adern sind dadurch gut erkennbar. Das Haupt zeigt schon eine deutliche Hautfalte („Weibchen-Wamme") unterhalb des Unterkiefers. Insgesamt ist der Wildkörper jedoch noch sehr stark. Das Stück wirkt trotz seines fortgeschrittenen Alters hochvital.

SEHR ALTES ALTTIER – ENDE OKTOBER

2. Dasselbe Alttier (Bild 1) zwei Jahre später. Die Muskulatur an Träger, Ziemer und Becken hat sich massiv zurückgebildet und lässt Wirbelsäule sowie Hüftknochen deutlich hervorstechen. Die Tatsache, dass das Stück Ende Oktober noch vollständig im Sommerkleid ist, deutet auf das hohe Alter hin. Der abgemagerte Wildkörper und die dadurch insgesamt knochige Statur lassen das Stück fast kränklich aussehen. Ein äsungsarmer Sommer kann die Abmagerung natürlich zusätzlich zum hohen Alter verstärkt haben.

DREI STÜCKE KAHLWILD – MITTE MAI

3. Drei Stücke betreten eifrig äsend die Wiese. Welches wird wohl das passende Schmaltier sein? Keines von den dreien! Alle drei haben ein recht großrahmiges Gebäude und befinden sich Mitte Mai gerade einmal am Beginn des Haarwechsels ins Sommerhaar. Die Stücke sind allesamt kugelrund und somit kurz vor dem Setzen ihrer Kälber.

3

KAHLWILDRUDEL ZUR BRUNFT – MITTE SEPTEMBER

4. Zu Beginn der Brunft tragen normalerweise alle mehrjährigen Stücke noch ihre Sommerdecke. Bei dem Stück links vorn handelt es sich um ein Schmaltier. Unmittelbar dahinter steht ein körperlich deutlich stärkeres Alttier. Direkt davor ist ein weiteres Alttier zu erkennen. Noch deutlicher wird der Vergleich mit dem hinter dieser Dreiergruppe stehenden Alttier. Obwohl das Stück etliche Meter hinter der Gruppe steht, wirkt es immer noch deutlich stärker als das Schmaltier. Direkt hinter dem hochbetagten Alttier steht ein Kalb. Mittig im Hintergrund liegen zwei Kälber. Beide sind an dem kleinen, dunklen Haupt gut zu erkennen. Dahinter liegt ein erwachsenes Stück. Die Größe – soweit liegend erkennbar – und das hellgraue, längliche Haupt lassen auf ein Alttier schließen. In der Dreiergruppe im vorderen rechten Bereich des Bildes ist ganz vorn ein Schmaltier zu erkennen. Die Decke erstrahlt in sattem Rot und von der Stärke des Wildkörpers ist es vergleichbar mit dem Schmaltier links im Bild. Dahinter stehen zwei eher fahl-grau-rot gefärbte Alttiere, die deutlich stärker sind.

4

5

6

FÜHRENDES ALTTIER – MITTE JUNI

5. Seitliche Aufnahme eines Alttiers, mit eher unauffälligerem Gesäuge. Aufgrund der tiefstehenden Sonne sind die Striche des Gesäuges als feine Punkte zwischen den Hinterläufen jedoch deutlich erkennbar. Die stark hervortretende Kruppe (hinterer Ziemer) und die eher knochige Erscheinung könnten auf ein altes Stück hindeuten. Das Haupt weist dieses Stück jedoch als eher jüngeres Alttier aus. Die Kiefern im Hintergrund und die trockene Vegetation im Vordergrund deuten auf einen eher nährstoffarmen Standort hin. Das junge Alttier hat möglicherweise sein erstes Kalb gesetzt. Trächtigkeit und das Setzen haben viel Kraft gekostet. Derartig ausgezehrte junge Alttiere wirken oft schmaltierartig. Beim flüchtigen Ansprechen kann dies zu einem katastrophalen Abschuss-Fehler führen.

ALTTIER MIT GUT SICHTBARER SPINNE – MITTE MAI

6. So sieht die pralle Spinne eines führenden Alttiers beim Blick von hinten auf das Stück aus. Dieses Bild zeigt sich allerdings auch nur dann in derartiger Deutlichkeit, wenn das Kalb längere Zeit nicht gesäugt hat. Eine leergenuckelte Spinne sieht ganz anders aus und ist zwischen den Hinterläufen als solche oft kaum erkennbar!

ALTTIER UND SCHMALTIER – MITTE MAI

7. Auch Mitte Mai ist der Größenunterschied zwischen dem Alttier (vorne) und seinem Schmaltier (hinten) noch gut zu erkennen. Jung verfärbt vor Alt gilt grundsätzlich – in diesem Fall ist allerdings der Haarwechsel bei Alttier und Schmaltier in etwa gleich weit fortgeschritten.

ALTTIERE, KÄLBER, SCHMALTIERE – ENDE JUNI

8. Rund zwei Wochen nach dem Setzen der Kälber gesellen sich die Schmaltiere beziehungsweise Schmalspießer wieder zu ihren Muttertieren mit den jungen Kälbern. Im direkten Vergleich zwischen Alt- und Schmaltieren ist der deutliche Unterschied in Körpergröße und Hauptlänge gut zu erkennen. Im Hintergrund sind zwei großrahmige Alttiere zu erkennen. Rechts äugt ein Schmaltier in die Linse des Fotografen

7

und links steht ein Schmaltier vor zwei Alttieren. Beim Schmaltier links ist besonders der direkte Vergleich des Hauptes mit dem des dahinterstehenden, äsenden Alttiers sehr eindrucksvoll. Obwohl das Alttier äst, ist das wesentlich stärkere sowie längere Haupt gut zu erkennen. Bei beiden Schmaltieren ist noch eine recht deutliche Fleckung der Sommerdecke zu erkennen. Diese Flecken haben jedoch nichts mit der Kälberfleckung zu tun! Die Zeichnung tritt gelegentlich auch bei erwachsenen Stücken auf und kann als Wiedererkennungsmerkmal genutzt werden.

8

9

HIRSCH – ANFANG SEPTEMBER

9. Hier gibt es keine Zweifel: Eindeutig ein reifer Hirsch! Der Träger geht nahtlos in den Rumpf über: Sowohl im Bereich des Ziemers als auch im Bereich des Bauches ist eine nahezu gerade Linie zwischen Träger und Rumpf erkennbar. Durch den massigen Träger und den ausgesprochenen Vorbau des reifen Hirsches scheinen die Vorderläufe praktisch mittig unter dem Stück zu stehen. Beim entspannten Verhoffen und Ziehen befindet sich auch das Haupt auf einer Linie mit dem Ziemer. Die Lichter reifer Hirsche liegen beim entspannten Ziehen sogar häufig schon unterhalb der Rückenlinie. Alte Geweihte nicken zuweilen auch beim Ziehen mit dem markanten Haupt. Auffällig ist auch die ausgeprägte Wamme (das Doppelkinn des Hirsches). Hirsche ab dem 10. Kopf haben im Durchschnitt alle eine Wamme. Oft zeigen aber auch schon deutlich jüngere Geweihte ebenfalls das Doppelkinn. Im Verlaufe des Alterns nimmt die Wamme jedoch meist deutlich zu.

10

ROTSCHMALSPIESSER – ENDE JUNI

10. Schmalspießer sind anhand ihrer geringeren Körpergröße, der schlanken Statur,

11

12

dem noch dünnen Träger und dem klassischen Erstlingsgeweih (Spieße) gut von älteren Stücken zu unterscheiden. Vor allem in der dünnen Sommerdecke sind die extrem hohen Rosenstöcke sehr gut zu erkennen. Im Verlaufe des Hirschlebens werden die Rosenstöcke immer kürzer und bei reifen Hirschen liegt das Geweih nahezu auf der Schädeldecke auf. Schmalspießer fegen in der Gruppe aller Altersklassen als letzte, oft erst im September. Schmalspießergeweihe haben noch keinerlei Rosen. Verdickungen an der Stangenbasis täuschen manchmal jedoch Rosen vor. Früher gab es gelegentlich junge Spießer mit Rosen – das waren dann stets mindestens zweijährige Hirsche. Heute sind Hirsche vom 2. Kopf meist mindestens Sechser bis hin zu beidseitigen Kronenhirschen.

HIRSCH VOM 2. KOPF – MITTE JUNI

11. Der dünne Träger, die deutlich sichtbaren Rosenstöcke in Verbindung mit dem Sechser-/Achter-Geweih und das noch kindlich anmutende Haupt lassen hier eindeutig den Hirsch vom 2. Kopf erkennen. Die Rosenstöcke sind übrigens in der kurzen Sommerdecke immer wesentlich besser zu erkennen als im längeren Winterhaar, vor allem natürlich bei den jungen Hirschen, die noch ausgeprägt hohe Rosenstöcke haben! Reduziert auf das Merkmal der Rosenstockhöhe „altern“ deshalb die Geweihten im Winter durch die dichte sowie langhaarige Winterdecke. Ein Ansprechmerkmal allein reicht eben nie aus!

VIER SPIESSER – ENDE JULI

12. Hier ist die gesamte Palette heutiger Spießerformen zu erkennen: von kurz über lang bis hin zum Kronenspießer. Der Schmalspießer links im Bild trägt etwa lauscherhohe Spieße. Klassischerweise wurden früher genau diese Schmalspießer freigegeben. In zahlreichen Rotwildpopulationen sucht der Jäger solch geringe Spießer heute jedoch vergeblich. Je nach Biotop sind in der heutigen Zeit Schmalspießer mit etwa doppelt lauscherhohen Stangen (ganz hinten im Bild) Standard. Spießer mit nahezu dreifach lauscherhohen Stangen (Bildmitte nach links äugend) oder gar Hochgabler (Hirsch rechts außen) sind in freier Wildbahn heute aber in zahlreichen Revieren zu finden und somit keine Seltenheit mehr. Welcher Spießer aus dieser Gruppe erlegt wird, ist für die Entwicklung der Rotwildpopulation wohl vollkommen irrelevant. In der Regel wird der Jäger wohl den Hirsch mit der geringsten Geweihmasse erlegen, da stärkere Hirsche auch eine zukünftig stärkere Entwicklung der Geweihe erhoffen lassen. Die heutzutage aber teils akribisch selektive Spießerbejagung mit „lauscherhoch“, „anderthalblauscherhoch“, „doppeltlauscherhoch“ etc. dürfen wir durchaus einmal überdenken.

13

JUNGER HIRSCH – ANFANG SEPTEMBER

13. Junger Hirsch vom vermutlich 4. Kopf, der körperlich noch nicht ganz ausgewachsen ist. Das Haupt ist noch nicht stumpf, bullig und das Gewicht ruht noch gut verteilt auf Vorder- sowie Hinterläufen. Der Träger ist längst nicht mehr schlank wie bei Hirschen vom 2. Kopf. Er hat aber auch noch nicht das Volumen des Trägers eines alten Geweihten. Der abgelichtete Hirsch zeigt eine für sein Alter passende Geweihstärke. Wenn das Wachstum des Wildkörpers weitgehend abgeschlossen ist, wird er im kommenden oder übernächsten Jahr einen deutlichen Sprung hinsichtlich seiner Geweihstärke machen.

MEHRERE HIRSCHE – ENDE JULI

14. Ein Trupp überwiegend junger bis mittelalter Hirsche. Ganz rechts ist ein gut entwickelter mittelalter Hirsch mit auffällig gegabelter rechter Mittelsprosse zu erkennen. Er hat bereits mit dem Verfegen begonnen. Weiterhin ist an dem Stück eine leichte Wamme zu erkennen. Es fehlen aber die typischen Merkmale eines reifen Hirsches. Reife Hirsche haben zu dieser Zeit in der Regel schon vollständig verfegt.
Der zweite Hirsch von rechts wirkt vom Körperbau her etwas älter. Er zeigt jedoch noch keinen Ansatz einer Wamme.
Der Hirsch links daneben ist der sichtbar älteste in der Gruppe: Voll verfegt ist bei ihm auch die Wamme sehr stark ausgeprägt. Auch das Brustbein ist bei diesem Hirsch schon deutlich sichtbar. Bei älteren Hirschen ist das Brustbein häufig sehr ausgeprägt: Die Hirsche zeigen einen Brust-Kern. Der Hirsch ist mit Sicherheit vom 10. Kopf. Die übrigen Geweihten im linken Bildteil sind allesamt jüngere Artgenossen.
Der vordere Hirsch in der auf der linken Bildseite zu erkennenden Gruppe von Geweihten ist ein Spießer. Denn das Stück fällt im Vordergrund mit seinem deutlich gerin-

14

geren Wildkörper dem Beobachter sofort ins Auge.

15

DIE NEUE GENERATION DER SUPERSPIESSER

15. Eine der auffälligsten Erscheinungen in zahlreichen Rotwildpopulationen ist die zunehmende Anzahl von überaus stark entwickelten einjährigen Hirschen. Hier rechts ein versehentlich erlegter Kronenzehner vom 1. Kopf und links ein ungerader Achter vom 1. Kopf (mit Ansätzen von Augsprossen), der dem Straßenverkehr zum Opfer fiel.

HIRSCH – MITTE SEPTEMBER

16. Entspannt ziehender junger bis mittelalter Hirsch, der mit seinem vielendigen Geweih wahrlich prahlt. Keine Frage, eine durchaus imposante Erscheinung im Herbstwald. Das Haupt wird jedoch noch deutlich oberhalb der Rückenlinie getragen. Der Träger bildet zum Rumpf hin noch eine stark ausgeprägte Falllinie aus. Der Geweihte hat zwar schon eine deutlich erkennbare Wamme ausgebildet. Insgesamt wirkt das Stück jedoch bei Weitem noch nicht derart kompakt wie der Wildkörper eines wirklich reifen Hirsches. Auch die Rückenlinie ist noch kerzengerade – es sind für den Beobachter weder Ansätze von Widerrist noch von Senkrücken erkennbar. Insgesamt wirkt das Wildbretgewicht gleichmäßig auf die Vorder- sowie Hinterläufe verteilt. Ich schätze diesen Hirsch auf ein Alter um den 7. Kopf.

16

IMPOSANTER HIRSCH – ENDE SEPTEMBER

17. Starke dunkle Kopfzier mit blitzenden weißen Enden – ein imposanter Hirsch! Beim Ziehen trägt er das Haupt auf Rückenhöhe. Die Wamme ist deutlich ausgebildet. Der schlanke Wildkörper, die gerade Rückenlinie und das noch eher zierliche Haupt (passt nicht zu der ausgeprägten Wamme) deuten jedoch auf ein Alter deutlich unter dem 10. Kopf hin. Definitiv kein reifer Hirsch, obwohl er mit seinem Geweih prahlt! Wenn er sich so weiterentwickelt, dürfte er in vier bis fünf Jahren ein hochkapitaler Hirsch sein. Ich schätze auch diesen Geweihten auf ein Alter um den 7. Kopf. Bei diesem Zukunftshirsch bleibt der Finger natürlich gerade.

HIRSCHE – ENDE JULI

18. „Alt verfegt vor Jung", stimmt grundsätzlich schon. Aber es gibt halt auch hier die berühmten Ausnahmen, die die Regel jedoch prinzipiell bestätigen: Der vordere junge Hirsch (ziemlich sicher vom 2. Kopf) hat vollständig verfegt, während der hintere Hirsch (mindestens vom 5. Kopf) noch voll im Bast ist.

ALTER HIRSCH – ENDE MAI

19. Das ist die typische Figur eines wirklich reifen Hirsches im Sommer: Widerrist, Senkrücken, Hängebauch. Der Hirsch ist gewiss mindestens vom 12. Kopf. Bei feisten Sommerhirschen muss jedoch vor allem in der beginnenden Jagdzeit im August genau hingeschaut und aufgepasst werden: Durch den feisten Gesamtzustand und den gut gefüllten Pansen täuschen auch jüngere oder mittelalte Hirsche mit dem sogenannten „Grasbauch" einen Hängebauch vor und werden dadurch zuweilen deutlich älter geschätzt.
Bei diesem alten Hirsch löst sich übrigens der „Rosen-Kranz" schon auf und „läuft die Rosenstöcke herunter". Ein Phänomen, das bei Geweihen von reifen beziehungsweise überreifen Hirschen immer mal wieder vorkommt. Geweihte mit „herablaufenden Rosen" haben den Zenit ihrer Geweihentwicklung häufig überschritten. Die Tatsache, dass dieser Hirsch nicht in einem Hirschrudel steht und völlig allein zieht, spricht auch für sein reifes Alter: Alte Hirsche bevorzugen entweder kleine Rudel, zuweilen nur einen jüngeren Adjutanten oder ziehen völlig allein. Dieser alte Geweihte gesellte sich zum Äsen am Abend der Aufnahme zu einem kleinen Kahlwildrudel.

BASTHIRSCHRUDEL – MITTE JUNI

20. Ganz links im Bild ist ein alter Hirsch zu erkennen. Er hat bereits zurückgesetzt. Wir nannten ihn „Zebu", weil er den für

19

alte Hirsche oft typischen Widerristhöcker hat, den die Zeburinder Ostafrikas artspezifisch zeigen. Beim entspannten Ziehen des Rudels hält der Hirsch das Haupt schon extrem tief – praktisch unterhalb des Widerristes. Die Wamme ist bei dem Alten stark ausgeprägt und als graue Hautfalte unterhalb des Hauptes gut sichtbar. Auch die Geweiharchitektur des Hirsches deutet auf sein hohes Alter hin. Die Summe der Merkmale deutet auf einen Geweihten hin, der sein Zenit bereits überschritten hat. Altersschätzung: vermutlich um den 16. Kopf. Dem zweiten Hirsch von links fehlen Wamme, die Stärke des Trägers und das „alte Gesicht". Er ist gewiss nicht einmal halb so alt wie „Zebu". Altersschätzung: vermutlich um den 6. Kopf. Der dritte sichtbare Hirsch von links zeigt wiederum einen starken Träger sowie eine ausgeprägte Wamme und steht „Zebu" im Alter wohl kaum nach, wenn er auch längst nicht so einen ausgeprägten Buckel hat. Auch bei ihm passt das Geweih in seiner Ausprägung zu den übrigen Alterskennzeichen: sehr kurze Augsprossen (die linke mit leichtem Wimmerwuchs), fehlende Eissprossen (kommen bei zurückgesetzten Hirschen oft vor) und ein im Ganzen eher kurzes, knuffiges Geweih. Auch dieser Hirsch wird vermutlich schon zurückgesetzt haben. Hinter dem zuvor angesprochenen Hirsch zieht ein junger Geweihter vom vermutlich 2. Kopf, der beidseitig schon Kronen schiebt. Solche Situationen sollten genutzt werden, um sich im Ansprechen zu üben.

20

21

22

ALTER HIRSCH – MITTE SEPTEMBER

21. Das Haupt wirkt ausgesprochen griesgrämig und bullig. Das Geweih scheint keine Rosenstöcke mehr zu haben und liegt praktisch auf der Schädeldecke auf. Die Dünnstangigkeit, der Stangenknick und die Kürze der Enden deuten auf ein zurückgesetztes Geweih hin. Der Geweihte zeigt eine extreme Wamme, die das Haupt im Profil praktisch zu einem gleichseitigen Dreieck macht, und der Rumpf geht scheinbar nahtlos in den faltigen, wuchtigen Träger über. Körperlich scheint dieser Hirsch noch keine Gebrechen zuhaben. Sein spargeliges Geweih deutet jedoch darauf hin, dass er für das Schieben der Stangen kaum mehr ausreichend Energie aufbringen konnte.

ZWEI HIRSCHE – MITTE SEPTEMBER

22. Zwei gewaltige Hirsche, die beide mit Fug und Recht als kapital bezeichnet werden können. Den vorderen Hirsch würde ich aus dieser ungünstigen Perspektive eher als noch unter zehn Jahre einstufen. Auffällig sind die langen Enden in den beidseitigen Kronen der Stangen. Der hintere Hirsch ist der ältere und schon eher vom 10. Kopf. Im Unterschied zum vorderen Hirsch zeigt dieser Geweihte eine verhältnismäßig weite Auslage im Geweih. Bei beiden Geweihten fällt der starke Wildkörper auf. Die Momentaufnahme eines Fotos birgt natürlich zahlreiche Unsicherheiten beim Ansprechen. So gewiss auch hier: Der vordere Hirsch wirkt jünger. Er verhielt sich aber gegenüber dem hinteren Geweihten scheinbar dominant. Auch das Geweih des vorderen Hirsches ist kapitaler als das des Artgenossen. Es wurde nach Erlegung mit über 240 Punkten bewertet.

ALTER HIRSCH – ENDE SEPTEMBER

23. Was für ein Wahnsinnsanblick am Morgen bei aufgehender Sonne im lückig bestockten Birkenwald! Dieser Hirsch ist nicht besonders geweihstark. Doch die fehlende Stärke in den Stangen ist keinesfalls Hinweis auf ein geringes Alter. Der abgelichtete Geweihte ist definitiv altersreif. Ich schätze ihn auf zehn Jahre und älter. Der Hirsch trägt das Haupt beim entspannten Ziehen ausgesprochen niedrig, die Lichter liegen unterhalb der Rückenlinie. Der

23

Widerrist tritt als Buckel schon deutlich hervor. Der Träger ist massig und geht praktisch nahtlos in den Körper über. Die Wamme ist selbst mit nach vorn überstrecktem Haupt gut zu erkennen. Würde der Hirsch verhoffen, würde die Wamme dem Beobachter noch weitaus deutlicher ins Auge springen. Auch der bullige Wildkörper, bei dem der überwiegende Teil des Gewichts deutlich erkennbar auf den Vorderläufen ruht, spricht für einen reifen Hirsch. Das relativ stumpfe Haupt passt ebenfalls zu dem ersten beschriebenen Eindruck. Es wirkt insgesamt kurz.

VERWAISTES KALB – MITTE SEPTEMBER

24. Verwaistes Kalb, das sein Alttier (wie auch immer ...) verloren hat: Sie sehen immer aus wie „zerrupfte Gesellen im Haarwechsel". Verwaiste Rotwildkälber werden (anders als beispielsweise verwaiste Frischlinge) nicht mehr im Rudel geduldet – für ein junges, unerfahrenes Rudeltier häufig ein Todesurteil. Dieses Kalb sah ich im Februar noch einmal. Es sah da nicht wesentlich besser aus, aber es hatte zumindest bis in die zweite Winterhälfte überlebt. Besonders bei Drückjagden mit hochläufigen Hunden kommt es immer mal wieder zur vorübergehenden Trennung von Alttier und Kalb. Ob die Trennung während einer Bewegungsjagd aufgrund starken Druckes eher eine „Panik-Reaktion" oder aber eher eine seitens des Alttiers „wohlüberlegte Separation" ist, muss offen bleiben. Letzteres wäre im Sinne eines Verleitens des Beutegreifers (wie wir es von Vögeln kennen ...) weg vom anfälligen Jungtier hin zum erfahrenen, erwachsenen Tier durchaus denkbar. Einzeln anwechselnde Alttiere auf Drückjagden sind daher wahrlich nicht zwangsläufig kälberlos.

24

DAMWILD

DAMWILD ALS RUDELTIER

Damwild lebt ähnlich wie Rotwild das Jahr über meist in getrenntgeschlechtlichen Gruppen (Kahlwild- und Hirschrudel).

In Kahlwildrudeln finden sich neben den adulten weiblichen Stücken sowie Kälbern nur noch zeitweilig Schmalspießer und zweijährige Hirsche. Ältere Geweihte sind in den Rudeln nicht zu finden. Nur zur Brunft gesellen sie sich zu den Kahlwildrudeln. Abgesehen vom Brunftverhalten bestehen beim Damwild zahlreiche Parallelen zum Verhalten und zur Ökologie des Rotwildes.

FARBENSPIELE

Damwild ist eine recht farbenfrohe Spezies. In freier Wildbahn kommen vier Farbvarianten vor: dunkelbraune Stücke mit Fleckung, hellbraune Stücke mit Fleckung, rein weiße Stücke gänzlich ohne Fleckung sowie rein schwarze Stücke – meist nahezu ohne Fleckung. Zwischen diesen Farbschlägen gibt es zudem fließende Übergänge. Die breite Farbpalette erleichtert dem Jäger häufig das Ansprechen der Stücke, was besonders beim Wiedererkennen einzelner Individuen hilfreich sein kann.

INFO

- Lebendgewicht: Hirsche bis 100 kg, Alttiere bis 50 kg
- Körperlänge: Hirsche bis 162 cm, Alttiere bis 139 cm
- Körperhöhe: Hirsche bis 91 cm, Alttiere bis 78 cm
- Trophäenmaximum: im Alter von 8 bis 10 Jahren

WEISSES DAMWILD

Weiß gefärbte Stücke sind in der Regel keine echten Albinos. Sie haben normal gefärbte Lichter mit einer gelben Iris. Die Schalen sind jedoch nicht schwarz, sondern eher braun. Als Kälber haben auch weiße Stücke eine normale Fleckung der Decke, aber ein grundsätzlich deutlich helleres Haarkleid als normal gefärbte Kälber.

SCHWARZES DAMWILD

Schwarze Stücke haben mitunter einige dunkelbraune Flecken. Auch ihre Winterdecke ist deutlich dunkler als das Winterhaar normal gefärbter Stücke. Ebenso ist der Bast schwarzer Hirsche meist dunkler. Dunkle oder helle Bastfärbungen variieren jedoch in einer Damwildpopulation erheblich und korrespondieren nur bedingt mit dunklen oder hellen Deckenfarben.

NORMAL GEFÄRBTES DAMWILD

In unseren freilebenden Damwildpopulationen sind 70 bis 90 Prozent der Stücke normal gefärbt. Weißes Damwild ist in vielen Beständen deutlich seltener als schwarzes. Körperliche Unterschiede scheint es zwischen den Farbvarianten nicht zu geben. Weiße oder schwarze Schaufler sind (entgegen des Empfindens vieler Jäger) im Durchschnitt nicht stärker als normal gefärbte Hirsche.

HAARWECHSEL

Für den Haarwechsel müssen die Stücke Körperenergie aufbringen. Zügiger und

Massiger Träger, bulliges Haupt, praktisch unsichtbare Rosenstöcke – Hinweise auf einen reifen Hirsch

früher Haarwechsel ist daher in der Regel ein Zeichen eines ausreichenden Energiehaushaltes und üppiger Vitalität.
Junge Stücke färben daher meist vor älteren und nichttragende vor tragenden Stücken. Stücke, bei denen sich der Haarwechsel stark in die Länge zieht, sind entweder sehr alt oder befinden sich in schlechter Kondition. So kann ein verzögerter beziehungsweise lang andauernder Haarwechsel Anzeichen für eine Krankheit, Verletzung oder Äsungsmangel sein.
Der Frühjahrshaarwechsel beginnt bei jungen einjährigen Stücken bereits Anfang Mai. Bei älteren Stücken beginnt der Wechsel im Mittel 14 Tage später und dauert insgesamt rund 40 Tage.
Der Herbsthaarwechsel des Damwildes beginnt etwa Anfang September und dauert ebenfalls rund 40 Tage. Brunftbedingt wechseln Hirsche ihr Haarkleid etwas später. Der Haarwechsel ist bei brunftaktiven Hirschen erst mit dem Ende der Brunft abgeschlossen.

Schlanker Träger, spitzes Haupt, noch nicht ausgereifte Stangen – Hinweise auf einen jungen Hirsch

WEIBLICHES DAMWILD

Für ein weidgerechtes Jagen muss auch beim Damwild zielsicher zwischen Kälbern, Schmaltieren sowie Alttieren angesprochen werden.

WILDKALB

Wildkälber sind am kindlichen kurzen Haupt, dem geringen Habitus und der Lebendigkeit gut zu erkennen. Häufig wird behauptet, dass Wildkälber im Vergleich zu Hirschkälbern ein feiner geschnittenes Haupt entwickeln. Ein sicheres Unterscheidungsmerkmal ist das allein aber ganz sicher nicht! Ab Mitte Oktober ist bei männlichen Damwildkälbern der Pinsel zu erkennen und ab Ende November bis Anfang Dezember beginnen als Haarkranz die Rosenstöcke des männlichen Damwildkalbs sichtbar zu werden.

Während männliche Kälber im auf das Geburtsjahr folgenden Frühjahr aus den Kahlwildrudeln in die Hirschrudel wechseln, verbleiben Wildkälber – häufig ihr ganzes Leben – im Kahlwildrudel des zugehörigen Alttiers.

Starke Kälber sind von Schmaltieren zuweilen auch an den sogenannten Kälberhaaren zu unterscheiden. Dies sind lange Haare am Träger des Kalbs, die in der Decke von Schmaltieren fehlen.

Die Ansprache im Rudel erleichtert durch den direkten Vergleich die Zuordnung zu den Altersklassen.

SCHMALTIERE

Schmaltiere sind deutlich größer als Kälber. Ihr Haupt ist länglicher und spitzer, ohne aber die kompakte Struktur eines Alttierhauptes zu haben.
Die Bauchlinie ist zumeist noch gerade. Häufig steigt sie zum hinteren Teil des Wildkörpers sogar noch an. Schmaltiere sind neugierig lebhaft und haben eine sehr enge Bindung an das Muttertier. Sie wirken zudem hochläufiger als Alttiere. Im Verlaufe des Sommers sind jedoch gut entwickelte Schmaltiere vor allem von jungen Alttieren kaum mehr zu unterscheiden.
Je früher im Jahr eine Bejagung der Schmaltiere möglich ist, desto deutlicher sind noch die typischen Merkmale eines Schmaltiers zu erkennen und desto geringer ist die potenzielle Gefahr der Verwechslung mit einem möglicherweise führenden Alttier. Je weiter die Bejagung der Schmaltiere in den Sommer hineinreicht, desto schwieriger ist die rein körperliche Unterscheidung zu den Alttieren.
Begegnet einem Jäger jedoch im Sommer beziehungsweise Herbst ein klassisches Gynopädium aus Alttier, Kalb und Schmaltier, ist allein aus dem Verhalten der Stücke sehr bald ersichtlich, welches das Alt- und welches das Schmaltier ist.
In seltenen Fällen kann es allerdings vorkommen, dass ein Alttier, welches sein Kalb abgelegt hat, sich zu einem Alttier mit Kalb gesellt und den Schmaltierstatus damit möglicherweise nur vortäuscht. Ein Phänomen, das natürlich auch beim Rotwild möglich ist. Bei der Jagd auf Schmaltiere sollte der Jäger deshalb stets große Vorsicht walten lassen.

ALTTIERE

Alttiere sind an ihrer kräftigen Statur und Körpergröße innerhalb des Rudels gut zu erkennen. Ältere Alttiere haben häufig ein

Zwillingskälber sind auch beim Damwild extrem selten.

eher bulliges, stumpfes Haupt und eine eher „grobe Ausstrahlung“ im Vergleich zu Schmaltieren beziehungsweise jüngeren Alttieren. Die Bauchlinie ist nach unten gewölbt. Je älter das Stück, desto stärker ist die Wölbung der Bauchlinie und der Senkrücken. Innerhalb des Rudels ist die enge Bindung zum Kalb und im besten Fall der sichtbare Saugakt ein sicheres Identifikationsmerkmal für ein Alttier.
Häufig sondern sich auch führende Stücke vom Rudel ab und die Kälber bleiben in der Obhut anderer Stücke zurück. Zuweilen werden sie auch in sogenannten „Kindergärten“ von einem oder mehreren erwachsenen Stücken betreut. Der Jäger muss also bei adulten, einzeln ziehenden Stücken ausgesprochen vorsichtig sein.

ÜBERALTERTE ALTTIERE

Diese Stücke sind am knochigen Körperbau, dem langen, kantigen Haupt, dem hervortretenden Widerrist und dem stark ausgebildeten Senkrücken gut anzusprechen. Stücke, die sich bis in dieses hohe Alter „durchgemogelt“ haben, verfügen unter Umständen über Verhaltensweisen und/oder Erfahrungsschätze, von denen andere Stücke der Population profitieren können. Falls der Anteil überalterter Stücke in der Population nicht sehr hoch ist, ist eine Erlegung dieser Stücke absolut nicht vordringlich!

MÄNNLICHES DAMWILD

Analog zum Rotwild selektiert der Jäger anhand einer Kombination aus Alters- und Körpermerkmalen. Das Ansprechen spielt deshalb bei Hirschen eine zentrale Rolle.

HIRSCHKÄLBER

Kälber sind anhand ihrer Größe und der vor allem deutlich kleineren und kindlicheren Hauptform von den restlichen Stücken gut zu unterscheiden.
Bei Hirschkälbern ist ab Mitte Oktober (mit dem Verfärben ins Winterhaar) der Pinsel sichtbar, sodass dann Hirsch- und Wildkalb unterschieden werden können. Vorher ist das nur beim Nässen möglich: Hirschkälber nässen unter sich, Wildkälber hinter sich. Ab November/Dezember sind die wachsenden Rosenstöcke auf den Häuptern der Hirschkälber erkennbar – zuerst als zwei kleine Haarbüschelerhebungen zwischen den Lauschern.
Hirschkälber von Wildkälbern allein anhand der Körperstärke zu unterscheiden, ist ausgesprochen schwierig. Unterschiede bei der Stärke der Kälber können durch zeitlich versetzte Setztermine begründet sein.
Männliche Kälber halten sich in der Regel nur bis zum kommenden Frühjahr im Mutterrudel auf. Stärkere Hirschkälber können ab Februar/März schon im Hirschrudel stehen. Aufgrund der engen Bindung zum Muttertier und der geringen Körpergröße, sind Damwildkälber in der Regel während der Jagdzeit leicht anzusprechen.

Schmalspießer sollten primär nach der körperlichen Entwicklung angesprochen werden.

SCHMALSPIESSER

Damschmalspießer sind schlank sowie hochläufig und erreichen erst ungefähr 60 Prozent der Körpermasse ausgewachsener Hirsche. Die Masse ist noch gleichmäßig auf Vorder- und Hinterläufe verteilt. Das Haupt ist lang, schmal und spitz. Der Träger ist ebenfalls schlank und wird deutlich aufrecht getragen. Der Drosselknopf ist bei Spießern noch nicht sichtbar.
Schmalspießer halten sich entweder noch in den Kahlwildrudeln oder aber auch schon in Rudeln mit anderen jungen Hirschen auf. Analog zu Schmaltieren sind auch Schmalspießer an ihrem neugierigen sowie lebhaften Verhalten zu erkennen.
Hat der Jäger bei Schmalspießern die Möglichkeit zur Selektion, sollte primär nach der körperlichen Entwicklung selektiert werden. Für die zukünftige Geweihentwick-

Wenn im Winter die Hirsche wieder in Rudeln beieinanderstehen, können sie gut miteinander verglichen werden.

lung ist nicht primär die Länge der Spieße, sondern (ähnlich wie beim Rotwild) eher das Gesamtvolumen der Spieße ausschlaggebend. Bei Schmalspießern ist dies sehr stark abhängig von Umfang und Stärke der Spießbasis. Hirsche mit keulenförmigen Verdickungen der Spießbasis sollten geschont werden. Kurze Spieße mit starker Basis lassen auf eine stärkere zukünftige Geweihentwicklung hoffen als längere Spieße mit sehr dünner Basis.
Auf übliche jagdliche Entfernungen ist die Beurteilung der Spieße häufig jedoch schwierig. Die Selektion anhand der Körpermasse ist dagegen fast immer möglich. Ist der Jäger mit der zu bejagenden Damwildpopulation vertraut, fällt die Beurteilung der Stärke einzelner Stücke natürlich deutlich leichter. Sehr selten kommen in dieser Altersklasse auch schon mal deutlich überdurchschnittlich entwickelte Jährlings-Knieper vor.
Einfache Selektionsgrundsätze: Spießer mit viel Geweihmasse sind zu schonen. Spießer mit wenig Geweihmasse sollten vorrangig erlegt werden. Hat der Jäger die Wahl zwischen einem Schmalspießer mit hohen, dünnen Spießen sowie schwacher Basis oder einem Hirsch mit knubbeligen Spießen und starker Basis, sollte letzterer geschont werden. Er zeigt in der Regel in den Folgejahren eine stärkere Geweihentwicklung als der Schmalspießer mit den langen, dünnen Spießen.

DAS „ZWEISPIESSERJAHRGANGS-PHÄNOMEN“

Bei den Damspießern sind für kurze Zeit zwei Spießerjahrgänge anzutreffen. Ende Mai/Anfang Juni sind bei Hirschkälbern aus dem Vorjahr (jetzt Schmalspießer) die Spieße voll entwickelt und die Stücke beginnen mit dem Fegen. Ebenfalls tragen um diese Jahreszeit die jetzt zweijährigen Hirsche noch ihre Spieße. Im Unterschied zu den Spießen der Schmalspießer sind die Stangen der zweijährigen Hirsche jedoch verfegt. Daran können die beiden Spießerjahrgänge klar unterschieden werden.

ZWEIJÄHRIGE DAMHIRSCHE

Der Hirsch hat an Körpermasse deutlich gegenüber dem Schmalspießer zugelegt. Das normale Kniepergeweih zeigt Augsprosse, Mittelsprosse sowie schmale Schaufeln und hat meist Längen von 30 bis 40 Zentimeter. Die Masse des Wildkörpers ist im Unterschied zum Schmalspießer nicht mehr gleichmäßig auf Vorder- und Hinterläufe verteilt, sondern verlagert sich schon hinter die Vorderläufe. Die Figur ist jedoch immer noch hochläufig beziehungsweise jugendlich. Der Träger ist noch recht schlank und das Haupt wird immer noch aufrecht getra-

Knieper mit rothirschähnlicher Stange – kann erlegt werden, muss keinesfalls!

gen. Der Drosselknopf ist im Knieperalter meist schon sichtbar.
Das Geweih kann bereits im Knieper- beziehungsweise Löfflerstadium 60 Prozent der späteren Gesamtlänge der Stangen erreichen. Von einem Knieper wird gesprochen, wenn das Geweih über der Aug- und Mittelsprosse noch keine rechte Schaufel zeigt. Ist die Schaufelbildung schon ausgeprägt (löffelartig) wird der Hirsch als Löffler bezeichnet. Spießer und Knieper sind in der Regel noch recht klar anzusprechen.
Bei Kniepern kann die Schaufelbreite als grobes Selektionskriterium herangezogen werden. Knieper mit einem Geweih ähnlich dem eines Rothirsches und einer Schaufelbreite unter fünf Zentimetern können erlegt werden.

DREI- BIS VIERJÄHRIGE DAMHIRSCHE

Hirsche nehmen in Körper- und Geweihmasse weiter zu. Die Masse des Körpers liegt jedoch immer noch hinter den Vorderläufen. Der Träger kann durchaus auch schon eine gewisse Stärke aufweisen. Er ist aber prinzipiell bei Hirschen dieser Altersklasse noch schlank. Das Haupt wird immer noch aufrecht getragen und der Gesichtsausdruck zeigt noch einen eher jugendlichen Charakter. Der Drosselknopf ist ab einem Alter von drei Jahren definitiv zu sehen. Die Geweihentwicklung zeigt vom 2. auf den 3. Kopf häufig eine Verdopplung des Geweihgewichtes. Vierjährige Hirsche können gar schon richtige „Erwachsenen-Schaufeln“ tragen, die dem Jäger bei raschem, oberflächlichem Ansprechen schon mal einen reifen Schaufler vortäuschen können.

WIEDERERKENNUNGSWERT VON DAMHIRSCHEN

Das Geweih des Damhirsches kann über die Jahre hinweg sehr stark variieren. Eine Wiedererkennung von Hirschen ist daher häufig äußerst schwierig. Markante Einbuchtungen oder Einkerbungen der Schaufeln können schon im Folgejahr verschwunden sein. Konstant bleiben in der Regel die Stellung und die Länge der Augsprossen sowie die Auslage des Geweihs. Übrigens bleibt auch das individuelle Punktemuster auf der Damhirschdecke ein Leben lang identisch. Einzelne Stücke Damwild sind daher (genau wie Zebras) anhand ihres individuellen Punktemusters stets identifizierbar. Foto- oder Videoaufnahmen erleichtern das Wiedererkennen einzelner Stücke deutlich.

FÜNF- BIS SIEBENJÄHRIGE HIRSCHE

Diese Hirsche sind körperlich voll ausgewachsen und prahlen schon mit ausgesprochener körperlicher Dominanz. Im Geweih liegt die breiteste Schaufelstelle meist noch in der Mitte der Stangen und noch nicht im oberen Drittel oder ganz oben wie bei den meisten reifen Schauflern. Der Abstand zwischen Mittelsprosse und Schaufelansatz beträgt normalerweise noch zehn bis zwölf Zentimeter. Die Mittelsprosse wandert erst beim reifen Hirsch häufig noch weiter nach

1: junger Hirsch vom 3. Kopf; 2: mittelalter Hirsch vom etwa 5. Kopf, 3: reifer Hirsch vom etwa 8. Kopf

oben und nähert sich dann dem unteren Schaufelrand. Dies ist aber bei Unterscheidung zwischen mittelalten und alten Hirschen nur ein „Kann", keinesfalls ein „Muss"!

Auch bei mittelalten Schauflern ist in der Regel noch ein bisschen Rosenstock unter der Decke zu erkennen. Erst beim wirklich alten Schaufler sitzen die Stangen praktisch direkt auf der Decke auf oder verschwinden optisch nahezu darin.

Häufig fallen die aktivsten Brunfthirsche und die auffälligsten Prahler im Brunftgeschehen in diese Altersklasse. Sie verzeichnet deshalb auch die höchsten Brunft- und Forkelverluste im Vergleich aller Altersklassen. Wirklich alte sowie reife Hirsche bewegen sich zuweilen eher unauffällig am Rande der Brunftplätze und/oder an kleineren Nebenbrunftplätzen.

ACHT- BIS ZEHNJÄHRIGE HIRSCHE

Mit acht Jahren beginnt beim Damwild die körperliche Reife. Hirsche stehen zumeist erst ab dem 8. Kopf im Zenit ihrer Körpersowie Geweihentwicklung. In Ausnahmefällen setzen Hirsche aber schon vor dem 8. Kopf zurück. Der Hirsch wirkt kompakt und kurzläufig. Die Masse scheint auf den Vorderläufen zu ruhen. Das Haupt ist breit sowie bullig. Es wirkt dadurch kurz und stumpf. Der Träger ist stark und in der Brunft noch stärker wie in der Feistzeit. Er ist oft sehr faltig. Haupt und Träger werden beim ziehenden reifen Damhirsch fast waagerecht getragen. Von vorn wirkt das Haupt reifer Damhirsche häufig breit-rechteckig. Von der Seite gesehen, zeigen reife Damhirsche zur Brunftzeit häufig eine nach vorn

Der älteste Hirsch führt zumeist das Rudel an.

abfallende Bauchlinie, die den Eindruck des auf den Vorderläufen liegenden Körperschwerpunktes noch betont.

DIE TROPHÄE ALS ANSPRECHHILFE

Beim Damhirsch ist die Altersansprache anhand von Geweihmerkmalen grundsätzlich etwas leichter als beim Rothirsch, da das Damhirschgeweih häufig typische Altersmerkmale aufweist, die dem Rothirschgeweih fehlen. Die Schaufellänge beträgt beim reifen Hirsch rund 50 Prozent der gesamten Stangenlänge. Doch Vorsicht! Dieser Anteil wird häufig auch schon bei deutlich jüngeren Schauflern erreicht.

Die größte Breite der Schaufeln liegt beim reifen Schaufler meist im oberen Drittel oder kann auch direkt an der Oberkante liegen. Schaufeln reifer Hirsche fallen häufig von der Seite betrachtet keilförmig ab und werden dann als sogenannte „Dreiecksschaufeln" bezeichnet. Zudem sind bei alten Schauflern die unteren Schaufelenden häufig nach innen gedreht. Die Schaufeldrehung nach innen ist in der Ansicht spitz von vorn beziehungsweise hinten am auffälligsten. Reife Schaufeln zeigen zudem sehr häufig eine Leistenbildung an der Innenseite, die in seltenen Fällen aber auch schon jüngere Schaufler haben können.

MITTELSPROSSE WANDERT NACH OBEN

Die Mittelsprosse ist beim reifen Damhirsch häufig „nach oben gewandert". Manchmal ist sie zudem bereits verkürzt. Sie sitzt nur wenige Zentimeter unterhalb oder auch schon direkt am Schaufelansatz. Bei jüngeren Hirschen finden wir zwischen Mittelsprosse und Schaufelbasis häufig noch einen Abstand von rund zehn bis zwölf Zentimetern.

ROSEN VERSINKEN

Die Rosen sitzen direkt auf der Schädeldecke auf und es sind keine Rosenstöcke mehr durch die Decke erkennbar. Bei wirklich reifen Hirschen versinken manchmal die Rosen geradezu in der Stirnbehaarung. Sie beginnen scheinbar seitlich wegzukippen und vergrößern damit auch noch den optischen Effekt einer weiten Geweihauslage. Die Rosen versinken natürlich im langen Winterhaar noch wesentlich deutlicher als in der kurzen Sommerdecke. Reife Damhirsche zeigen zudem sehr häufig ausgesprochen dunkle Färbungen an Haupt und/oder Träger von braun bis nahezu schwarz, können aber auch graue Häupter haben.

ÜBERALTERTE SCHAUFLER

Diese Hirsche können noch die Merkmale des reifen Hirsches zeigen. Sie sind aber zudem durch die Merkmale wirklich hohen Alters gekennzeichnet: Häufig wirken die Stücke knochig, der Widerrist tritt stark hervor. Neben einem ausgeprägten Hängebauch ist ein deutlicher Senkrücken zu erkennen. Der Drosselknopf ist zudem sehr gut sichtbar.
Überalterte Hirsche haben häufig nicht mehr genug Energie, um vollständige Geweihe zu schieben. Die Schaufelfläche wird kleiner. Die Schaufeln werden kürzer und gedrungener. Häufig finden sich auch Einkerbungen oder Schaufelschlitze. Sie zeigen zudem regelmäßig eine stark verminderte Endenbildung an den Schaufelkanten. Die Augsprosse ist meist verkürzt und häufig fehlt ihr der Schwung. Die kurze Augsprosse ist oft ein guter Hinweis auf einen alten Hirsch. Die Mittelsprosse ist ebenfalls häufig zurückgebildet oder fehlt ganz.

Hirsche ab einem Alter von elf Jahren sind wieder relativ leicht anzusprechen, da sie meist die zuvor genannten typischen Altersmerkmale aufweisen.

SCHAUFELFORMEN

Die Form der Schaufeln oder des gesamten Damhirsch-Geweihs sollte heutzutage bei der Selektion keine Rolle mehr spielen. Früher wurden beispielsweise Voll- oder Brettschaufeln zu den „guten" Schaufeltypen gezählt. Dreieck- oder Keilschaufel, Schlitzschaufel, Karoschaufel, Fischbauchschaufel oder zerrissene Schaufeln galten als Formfehler.
Vermeintlich gute oder schlechte Schaufelformen als Kriterium für eine selektive Jagd heranzuziehen, hat mit naturnaher Jagd nichts zu tun. Jäger sollten heutzutage die Selektion der Hirsche und des Kahlwildes nach allgemeiner Körperstärke und Kondition treffen – zu der natürlich auch die Geweihstärke gezählt werden darf. Normalerweise tragen körperlich stärkere Hirsche auch eine stärkere Kopfzier. Insofern gehen häufig Körper- und Geweihkriterien Hand in Hand. Sollte es hier Divergenzen geben, ist letztlich die gesamte körperliche Erscheinung aus-

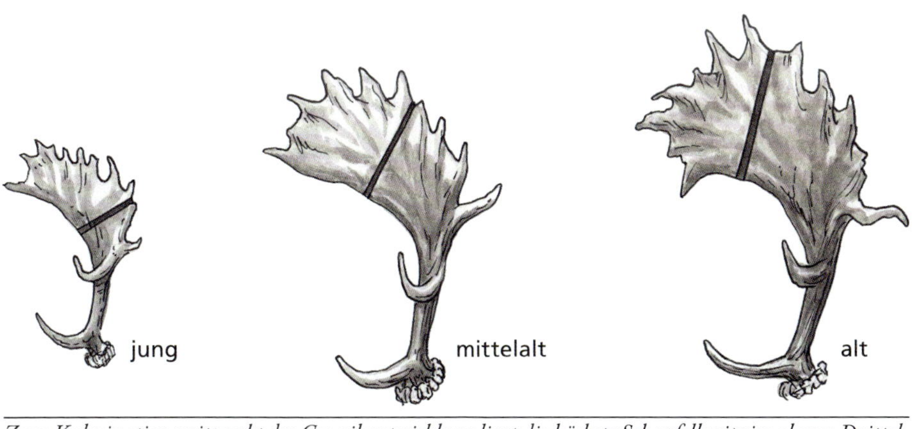

Zum Kulminationszeitpunkt der Geweihentwicklung liegt die höchste Schaufelbreite im oberen Drittel.

schlaggebend und weniger die Geweihstärke. Die Entscheidung zwischen zwei Damhirschen: „Körperlich stark und Geweih schwach“ beziehungsweise „körperlich schwach und Geweih stark“ – sollte immer zugunsten des Gesamteindrucks (Körper plus Geweih) gefällt werden. Der körperlich starke Damhirsch mit geschlitzter Schaufel darf beispielsweise stets gegenüber dem schwächeren Hirsch mit „intakten“ Schaufeln geschont werden. Wichtig ist auch beim Damwild, dass bei beiden Geschlechtern ein ausreichender Anteil Stücke in reifen Altersklassen in der Population vorhanden ist. Ob bei einem soliden Bestandsaufbau dann mal ein „Zukunftshirsch“ (was ist das?) mehr oder weniger laufen gelassen beziehungsweise geschossen wird, macht den Braten dann auch nicht mehr fett, sprich mindert oder steigert den Überlebenswert der Population nicht.

ALTERSFORM DER SCHAUFELN

Die Schaufelform ändert sich vom 2. zum 3. beziehungsweise 4. Kopf so stark, dass sie als Wiedererkennungsmerkmal einzelner Hirsche kaum brauchbar ist. Erst mit dem 5. bis 6. Kopf (wenn der Schaufler körperlich voll ausgewachsen ist) behält die Schaufel ihre Form häufig mehr oder weniger bei und kann als Wiedererkennungsmerkmal hilfreich sein. Sicher ist dieses Merkmal jedoch nicht, denn Damhirsche zeigen teils spontane Veränderungen in der Geweihform von einem auf den nächsten Kopf.

VOR UND NACH DER BRUNFT

Das Aussehen von Damhirschen verändert sich vor, in und nach der Brunft teils erheblich, sodass der Jäger zu verschiedenen Jahreszeiten sehr unterschiedliche Ein-

Kapitaler Damschaufler, der wohl auch das Reifealter schon erreicht hat.

Brunftaktive Schaufler verändern ihr Aussehen über die Brunft teils erheblich!

drücke von einzelnen Hirschen bekommen kann. Während junge Damhirsche in der Brunft nur bis zu zehn Prozent ihres Körpergewichtes verlieren, sind dies beim brunftaktiven reifen Schaufler bis zu 25 Prozent.

ALTERSANSPRACHE AM ERLEGTEN WILD

Auch beim Damwild lassen sich die drei bedeutenden jagdlichen Altersklassen ziemlich eindeutig an der Zahnentwicklung bestimmen. Kälber besitzen in der Jagdzeit ab September/Oktober die drei Prämolaren und in der Regel nur einen Molar. In der Summe haben sie also maximal vier untere Backenzähne. Der dritte Prämolar ist dreiteilig, besitzt also drei Zahnsäulen.
Schmalstücke besitzen ab der beginnenden Jagdzeit im April/Mai zumeist bereits zwei Molaren, also in der Summe fünf untere Backenzähne. Der dritte Prämolar ist auch bei Schmaltieren immer noch dreiteilig.
Stücke ab dem Alter von zwei Jahren (Alter 26 bis 28 Monate) haben zumeist alle drei Molaren geschoben. Sie besitzen in der Summe also sechs untere Backenzähne. Der dritte Prämolar ist nicht mehr dreiteilig, sondern als Dauerzahn nun zweiteilig.
Mit diesem Zustand ist der Zahnwechsel beim Damwild abgeschlossen und das Dauergebiss des adulten Stücks vollständig ausgebildet.

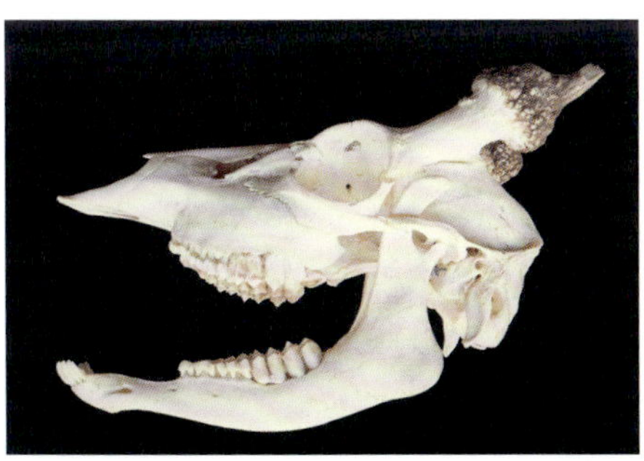

Schädel eines Schmalspießers: Der 3. Prämolar ist noch dreiteilig.

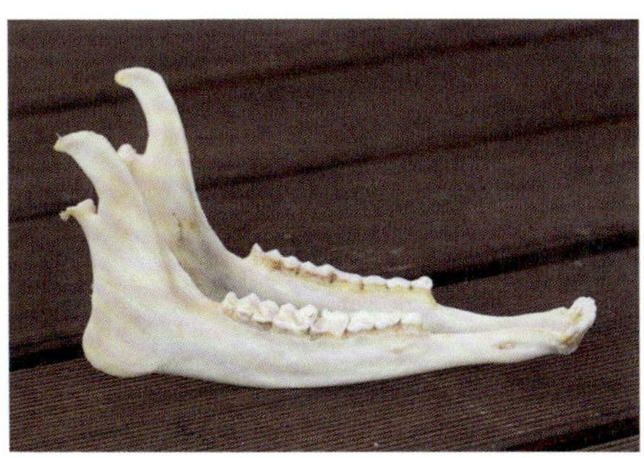

Heruntergeschliffenes Dauergebiss eines alten Damtieres.

DAMWILD – ANSPRECHTEIL

BRUNFTRUDEL – ENDE OKTOBER

1. Rechts vorn ist ein fahlweißes und gleich dahinter ein normal gefärbtes Kalb zu erkennen. Beide Stücke sind am kurzen, kindlichen Haupt gut anzusprechen. Weiterhin ist der gesamte Wildkörper dieser beiden Stücke deutlich geringer als der der adulten Stücke im Rudel. Auch ganz links im Bild erkennen wir ein normal gefärbtes sowie ein weißes Kalb. Beide sind an ihrem Haupt sehr gut anzusprechen. Das schwarze Stück in der Mitte vor dem Hirsch ist gewiss ein älteres, reifes Alttier. Es zeigt ein starkes Gebäude. Weiterhin wirkt das Haupt schon ein wenig knochig. Hinter dem Träger des Hirsches ist halb verdeckt das Haupt eines Alttieres zu sehen. Auch hinter dem Ziemer des Hirsches sehen wir ein Alttierhaupt. Haupt und Wildkörper des sichernden Stückes neben dem Hirsch deuten auf ein Schmaltier hin.
Der Hirsch ist insgesamt schwierig anzusprechen. Er hat ein kurzes, bulliges Haupt sowie einen starken Träger. In der linken Geweihstange ist ein deutlicher Knick erkennbar. Die linke Mittelsprosse zeigt einen wimmerigen Wuchs. Zudem sind die Schaufeln insgesamt eher schwach. Der Hirsch könnte bereits leicht zurückgesetzt haben. Andererseits hatte er noch ausreichend Kraft, um in der rechten Stange eine geteilte Mittelsprosse zu schieben, die offenbar auch schon direkt an der Schaufelbasis sitzt. Auch vom Wildkörper wirkt das Stück keinesfalls überaltert. Insgesamt gestaltet sich das Ansprechen dieses Geweihten wirklich schwierig!

KAHLWILDRUDEL – MITTE OKTOBER

2. Drei weiße ältere Stücke sind zentral im Bild erkennbar. Ihre Häupter sind reif. Es handelt sich um Alttiere. Die drei hell gefärbten Kälber (zwei links und eines rechts im Bild), die am deutlich kleineren Haupt und am geringeren Wildkörper gut zu erkennen sind, könnten zu den drei eingangs angesprochenen Alttieren gehören. Diese Zuordnung ist jedoch keinesfalls sicher! Das normal gefärbte Stück vor dem schwarzen ist ebenfalls ein älteres Alttier mit bereits stark ausgeprägtem Brustkern. Das schwarze Stück dahinter könnte ebenfalls ein Alttier sein. Vor den beiden links außen stehenden hellen Kälbern steht vermutlich ein deutlich stärkeres (weil eventuell früher gesetztes) Kalb oder aber ein schwaches Schmaltier. Das einzige Stück, das definitiv als Schmalstück anzusprechen ist, ist der ganz links hinten stehende Spießer. Aus dieser Perspektive lässt sich die Stangenbasis jedoch kaum ansprechen. Bei allen anderen adulten Stücken kann um diese Jahreszeit eine klare Zugehörigkeit zur Altersklasse kaum mehr getroffen werden. Im Herbst sind normal entwickelte Schmaltiere den jungen Alttieren körperlich absolut ebenbürtig.

2

JUNGES ALTTIER – ENDE OKTOBER

3. Vermutlich handelt es sich bei dem abgelichteten Stück Damwild um ein junges bis mittelaltes Alttier. Das Stück trägt seine Winterdecke. Dieses Alttier ist vermutlich ähnlich alt, wie das auf dem folgenden Foto (Bild 4) anzusprechende Stück. Auch der insgesamt kompakte Rumpf sowie das längliche, massige Haupt des Stücks sprechen für ein Alttier.

ALTTIER MIT KALB – MITTE JULI

4. Die völlig gerade Rückenlinie kennzeichnet auch hier ein eher jüngeres Alttier. Das Kalb hat seine Punkte auf der Decke bereits weitgehend verloren. Bei dunkel gefärbten Damwildkälbern ist die kindliche Fleckung jedoch häufig schlecht zu sehen oder fehlt teils vollständig.

3

4

KAHLWILD – ENDE OKTOBER

5. Bei dem normal gefärbten Kalb in der Mitte ist der Pinsel unter der Bauchlinie zu erkennen. Bei dem hell gefärbten Kalb (äsend davor, das einmal ein rein weißes Stück werden wird) ist aus dieser Perspektive das Geschlecht schwer zu erkennen. Das sichernde schwarze Stück rechts im Bild ist ein Schmaltier oder ein junges Alttier. Bei den beiden links außen stehenden Stücken kann es sich ebenfalls um Schmal- oder Alttiere handeln. Bei beiden Stücken fällt die Ansprache des Gesäuges aufgrund des Wedels schwierig. Übrigens: Verliert das Alttier sein Kalb, bildet sich das Gesäuge sehr zügig innerhalb von zwei bis drei Tagen zurück. Es ist dann für den Beobachter nahezu unsichtbar.

SCHAUFLER – MITTE OKTOBER

6. Auf einem enorm starken Träger ruht ein kurzes sowie bulliges Haupt. Die Rosen scheinen bereits seitlich abzukippen und liegen ganz dicht am Schädel an. Die größte Schaufelbreite finden wir bei diesem Hirsch schon im oberen Drittel der Schaufeln. Die Mittelsprosse liegt ebenfalls verhältnismäßig weit oben und damit bereits nah an der Schaufelbasis. Bei reifen Hirschen „wandert" die Mittelsprosse häufig nach oben, was hier möglicherweise der Fall ist. Es handelt sich um einen reifen Damhirsch um den 9. Kopf.

SCHWARZER UND WEISSER SPIESSER – HERBST

7. Beide Spießer sind körperlich normal entwickelt und zeigen ebenfalls eine durchschnittliche Geweihentwicklung. In manchen starken Populationen sind möglicherweise solche Spießer (diese hier stammen aus der Märkischen Heide) schon von unterdurchschnittlicher Geweihstärke.

JUNGE HIRSCHE – ENDE OKTOBER

8. Der normal gefärbte Hirsch ist vermutlich ein zweijähriger „Löffler". Bei dem dahinterstehenden weißen Hirsch handelt es sich ebenfalls noch um ein junges Stück. Dieser Hirsch ist etwa ein bis zwei Jahre älter als sein Artgenosse im Vordergrund.

REIFER HIRSCH – MITTE SEPTEMBER

9. Ein bulliges Haupt ruht auf einem massigen, faltigen Träger. Die flachen Rosenstöcke knicken bereits leicht seitlich ab. Das Geweih zeigt eine Abnormität bei den geteilten Augsprossen. Die Schaufeln scheinen aus dieser Perspektive ihre breiteste Stelle bereits im oberen Drittel zu haben. Die Schaufelenden sind teilweise stumpf. Es handelt sich definitiv um einen reifen sowie kapitalen Damhirsch vom etwa 8. bis 9. Kopf.

7

8

9

KAPITALER, REIFER HIRSCH – MITTE OKTOBER

10. Dieser entspannt ziehende Hirsch hält das Haupt auf Höhe der Rückenlinie. Obendrein hat er einen enorm starken Träger sowie ein kurzes bulliges Haupt. Die Mittelsprosse ist sehr hoch angesetzt und auch er hat die breiteste Stelle im oberen Drittel der Schaufeln. An der Innenseite der linken Stange ist hinter dem vorderen Rand eine Leistenbildung erkennbar. Es handelt sich definitiv um einen reifen Hirsch!

JUNGER HIRSCH – ENDE AUGUST

11. Das Haupt wird aufrecht gehalten, der Träger wirkt lang und schmal. Die Masse des Wildkörpers scheint gleichmäßig auf Vorder- sowie Hinterläufe verteilt. Das Geweih ist ebenfalls nicht das eines reifen Geweihten. Der abgelichtete Hirsch ist vermutlich vom 3. Kopf.

ÜBERALTERTER HIRSCH – ANFANG SEPTEMBER

12. Eindeutig ein überalterter Hirsch, der bereits zurückgesetzt hat. Die linke Augsprosse ist bereits verkümmert. Bei beiden Stangen fehlt die Mittelsprosse. Die Stangen sind insgesamt dünn und auch die Schaufeln haben ihre flächige Ausprägung bereits verloren. Der Hirsch ist vermutlich deutlich älter als zehn Jahre. Manchmal setzen aber auch Geweihte schon um den 7. bis 8. Kopf zurück. Die Abnahme der Stangenstärke ist aber in diesem Alter dann noch nicht so stark ausgeprägt wie bei dem abgelichteten Stück.

JUNGER SCHWARZER HIRSCH – ENDE AUGUST

13. Der Hirsch hat einen dünnen, geradezu filigranen Träger sowie eine schlanke Figur. Zwischen dem Licht und der Rose ist auch der noch sehr hohe Rosenstock durch die Decke erkennbar. Diese deutlichen Merkmale reichen bereits aus, um ihn als jungen Geweihten anzusprechen. Der Hirsch ist vermutlich vom 4. Kopf. Das Haupt wird weit über der Rückenlinie getragen. Der Gesamtausdruck des Hauptes ist kindlich. Für sein Alter zeigt der Jüngling jedoch durchaus eine gute Trophäenentwicklung.

13

SCHAUFLER – ENDE SEPTEMBER

14. Der Hirsch hat einen massigen, faltigen Träger, insgesamt wirkt er bullig. Wenn wir aber genau hinschauen, sitzen die Rosen noch nicht sehr tief auf dem Haupt. Es ist durchaus noch ein Ansatz von Rosenstock unter der Decke erahnbar. Die breiteste Stelle findet sich bei diesem Hirsch noch etwas oberhalb der Schaufelmitte. Auch die Mittelsprosse ist noch nicht deutlich nach oben in Richtung der Schaufel gewandert. An der rechten Schaufel ist jedoch schon Leistenbildung erkennbar. Insgesamt kein leichter Fall. Ich schätze den Hirsch auf ein Alter vom 7. bis 8. Kopf.

14

ÜBERALTERTER SCHAUFLER – ENDE OKTOBER

15. Was für ein gewaltiger Anblick auf der mit Erika bewachsenen Offenfläche! Bereits das bullige, kurze Haupt auf dem mächtigen Träger ist Hinweis auf einen überalterten Schaufler. Das Haupt wirkt durch die Breite ausgesprochen kurz und unterstreicht den Eindruck eines sehr alten Schauflers. Die Stangen sind jedoch noch ausgesprochen stark und insgesamt lang. Doch die Schaufellücken lassen erkennen, dass dieser Geweihte offenbar schon zurückgesetzt hat. Die Mittelsprosse ist in der rechten Stange bereits soweit nach oben geandert, dass sie praktisch Bestandteil der Schaufel ist. Um die Lichter herum sind zahlreiche rötliche Schürfstellen erkennbar, die den Alterseindruck dieses Hirsches noch weiter verstärken. Der Geweihte ist gewiss deutlich älter als zehn Jahre – eine wunderbare, reife, alte Trophäe!

15

KOLBENHIRSCHE – MITTE AUGUST

16. Die zwei Hirsche links außen ermöglichen uns einen Vergleich zwischen dem noch jugendlichen Lager (links) vom 3. bis 4. Kopf sowie dem erwachsenen Hirsch rechts, der gewiss mindestens drei oder vier Jahre älter ist. Sowohl der bulligere Wildkörper, der deutlicher durchhängende Bauch, das breitere Haupt und die schon reif wirkenden Schaufeln weisen diesen Hirsch als deutlich älter aus. Ganz rechts ist ein wunderbarer Vergleich zwischen der zierlichen Figur des Schmalspießers und der des erwachsenen Schauflers erkennbar. Der erwachsene Geweihte steht an der Schwelle zum reifen Schaufler. Interessant ist der junge zweijährige Hirsch zwischen den beiden Schmalspießern in der rechten Bildhälfte. Er hat sein Erstlingsgeweih (den rechten Spieß) offenbar nicht abgeworfen und auf der linken Seite eine fast normale Knieperstange geschoben. Von den drei Spießern ist der linke sowohl vom Geweih als auch vom Wildkörper offenbar der schwächste. In der Mitte des Bildes steht (zwischen den zwei jugendlichen Schauflern vom etwa 4. Kopf) ein Hirsch, der zur Kategorie der beiden anderen älteren Hirsche zählen dürfte.

VIER DAMHIRSCHE – ENDE AUGUST

17. Der Blickfang ist in diesem Bild gewiss der kapitale schwarze Schaufler, dessen vor allem linke Stange mit ihrer Stärke dem Beobachter deutlich ins Auge springt. Ich schätze diesen Geweihten auf den 8. Kopf.

Er ist damit annähernd reif. Dem zweiten Schaufler von links fehlen offenbar Aug- und Mittelsprossen. Das Geweih ist auffällig kurz. Die Schaufeln sind offenbar schon zurückgesetzt. Die Abnormität in der Geweihentwicklung kann natürlich auch aufgrund von Verletzungen oder Krankheit zustande gekommen sein. Haupt sowie Wildkörper machen nämlich noch keinen ausgesprochen überalterten Eindruck. Insgesamt ist das Stück in dieser Perspektive jedoch schwierig anzusprechen.
Der von uns abgewandte linke Schaufler ist ebenfalls in dieser Situation schwer anzusprechen. Das starke Gebäude sowie der massige, faltige Träger weisen jedoch auf einen älteren Hirsch hin. Der zweite Hirsch von rechts, der aufmerksam nach rechts außen äugt, ist höchstwahrscheinlich noch nicht reif, obwohl aus dieser Perspektive die Schaufel der linken Stange ihre breiteste Stelle schon relativ weit oben hat. Ich schätze diesen Damhirsch auf ein Alter um den 6. Kopf.

DAMHIRSCHRUDEL – MITTE JANUAR

18. Links außen sind zwei Spießer zu entdecken, deren Stärke aus dieser Perspektive schwer anzusprechen ist. Der rechte von ihnen scheint allerdings die stärkere Spießbasis zu haben. Auch körperlich scheint er etwas stärker zu sein. Hier müsste der Jäger aber die beiden Spießer einmal in identischer Körperhaltung sehen, um die Stärke vernünftig beurteilen zu können. Der dritte Spießer in der Runde (rechte Bildhälfte, spitz von vorn) unterscheidet sich in der Stärke offenbar nicht von den beiden zuvor besprochenen Artgenossen.
Interessant ist der geringe Hirsch links vor dem zuvor besprochenen Spießer: Soweit erkennbar, handelt es sich dabei um einen einseitigen „Augsprossen-Kronengabler" und damit einen Sechser. Entweder ist er ein vorwüchsiger „Super-Spießer" oder aber ein kümmerlicher Knieper. Der dritte Hirsch von links ist der offensichtlich älteste im Rudel. Er hat einen kompakten, kräftigen Wildkörper. Auch sein Träger ist stärker als der der anderen Hirsche. Ob er allerdings schon reif ist, vermag aus dieser Momentaufnahme kaum gesagt zu werden. Der sechste Hirsch von rechts (schwacher Knieper ohne Schaufelbildung) dürfte nach konventionellen Abschusskriterien der Wildbahn entnommen werden. Die anderen Stücke sind allesamt junge Schaufler, deren „Qualität" nur beurteilt werden kann, wenn der Jäger mit der örtlichen Population vertraut ist.

MUFFELWILD

RUDELSTRUKTUR

Mufflons sind ausgesprochen gesellige Wildtiere, die in der Regel immer in Rudeln anzutreffen sind. Einzeln ziehen eigentlich nur Schafe kurz vor dem Setzen und gelegentlich sehr alte Widder.

SCHAFRUDEL

Schafrudel bestehen aus Schafen und ihren Lämmern, Schmalschafen und Jährlingswiddern. Die Verbände werden immer von einem alten erfahrenen Schaf angeführt. Dieses Leitschaf ist in der Regel das älteste Stück im Rudel. Es herrscht eine Altershierarchie, die weder erfochten werden muss noch ererbt werden kann. Anders als beim Rotwild muss das Leitschaf nicht zwangsläufig ein Lamm führen. Verliert das Leitschaf sein Lamm, erlischt somit auch nicht automatisch die Leitschaffunktion. Zur Brunft verändert sich die Konstellation der Schafrudel. Adulte Widder schließen sich an, Jährlingswidder (und zuweilen auch starke Widderlämmer) bilden abseits der Brunftrudel temporäre Männergesellschaften.

WIDDERRUDEL

Männliche Stücke im Verlaufe des Jährlingsalters und meist mittelalte Widder bilden reine Widderrudel, die sich nur während der Brunftzeit vorübergehend auflösen. Alte, reife Widder ziehen häufig zu zweit oder dritt, in seltenen Fällen auch völlig allein. Zuweilen finden sie sich aber auch vereinzelt in gemischten Widderrudeln. Sehr große Widderrudel bestehen aber in der Regel nur aus jüngeren oder mittelalten Widdern.

Junge, ausnahmslos starke Widder, die aber alle erst noch reif werden wollen!

KÖRPERLICHE ALTERSMERKMALE

Wie bei uns Menschen auch, lässt sich durch Kombination mehrerer Merkmale am Wildkörper auf das Alter des anzusprechenden Stückes schließen.

Muffellämmer können eine recht zügige Jugendentwicklung durchlaufen und im Herbst schon nahezu 90 Prozent der Körperhöhe adulter Stücke erreichen. Ein Jahr später, als Jährlingswidder und Schmalschafe, erreichen sie im Herbst etwa die Höhe der Muttertiere. Weibliche Stücke sind bereits mit zwei Jahren ausgewachsen. Diese rasche körperliche Entwicklung erschwert häufig die sichere Unterscheidung zwischen Schmalschafen und älteren Schafen.

BAUCHLINIE, SENKRÜCKEN …

Schmalschafe zeigen in der Regel eine recht gerade Bauchlinie. Erst nach dem ersten Lammen bildet sich bei Schafen eine Bauchwölbung in der Körpermitte – bei alten Schafen wandert diese Wölbung der Bauchlinie teils nach hinten und wird auch deutlich sichtbarer. Mit zunehmendem Alter der Stücke treten Hüft- und Beckenknochen weiter hervor und der Senkrücken verstärkt sich. Auch bei Widdern zeigt sich mit zunehmendem Alter immer stärker die Tendenz zur Ausbildung eines Senkrückens.

INFO

Lebendgewicht: Widder bis 50 kg, Altschafe bis 35 kg
Körperlänge: Widder bis 140 cm, Altschafe bis 120 cm
Körperhöhe: Widder bis 81 cm, Altschafe bis 70 cm
Trophäenmaximum: im Alter von 7 bis 8 Jahren

HAUPTFORM UND -FARBE

Lämmer sind neben ihrer deutlich geringeren Körpergröße vor allem an ihrem runden, kindlichen Haupt gut zu erkennen. Das Wachstum des Hauptes verläuft jedoch dann bis zum Schmalschaf so zügig, dass es sehr schwer ist, ein Schmalschaf von einem jungen beziehungsweise mittelalten Schaf sicher zu unterscheiden. Ältere Schafe sind an ihrem kantigen und häufig trockenen, eingefallenen, knochigen Haupt meist gut zu erkennen.
Die Färbung des Hauptes sollte als Ansprechmerkmal nicht herangezogen werden. Stücke mit hellgrauen beziehungsweise weißen Gesichtspartien kommen in unterschiedlicher Häufigkeit in zahlreichen Muffelwildpopulationen vor. Dabei wird unterschieden zwischen den „Bunten-Typen“ und „Weißkopf-Typen“.

Manche Schafe zeigen auch andeutungsweise einen Sattelfleck.

Der Sattelfleck, auch „Schabracke“ genannt, ist bei Widdern ab dem Jährlingsalter die Regel.

Sattelfleckfreie Widder werden als „Schwärzlinge“ bezeichnet.

Bei ersteren verändert sich die Deckenfarbe am Haupt kaum und häufig behalten diese Stücke bis ins hohe Alter eine konsequent dunkle Gesichtsfärbung. Bei dieser Form ist auch die gesamte Deckenfärbung grundsätzlich dunkler.
Der Weißkopf-Typ entwickelt oft schon in jungen Jahren eine ausgeprägte Weißzeichnung in der Gesichtspartie. Hier kommt es dann oft zu einer zügigen Verschmelzung des hellen Äserflecks (sogenannter Muffelfleck) und der weißen Augenringe. Beim Weißkopf-Typ ist auch die gesamte Deckenfarbe häufig eher blassbraun.
Es gibt aber auch Muffelwildpopulationen, in denen bei den meisten Stücken die Weißanteile am Haupt mit zunehmendem Alter signifikant ansteigen – hier also die „Verweißung“ oder „Vergrauung“ durchaus ein geeignetes Altersmerkmal darstellen kann. Voraussetzung dafür ist jedoch, dass der Jäger die Merkmale der zu bejagenden Muffelwildpopulation gut kennt.

SATTELFLECK

Ausschließlich die männlichen adulten Stücke Muffelwild tragen einen sogenannten Sattelfleck, der sich als beidseitige, helle bis weiße Behaarung in der Mitte des Wildkörpers abzeichnet. Er ist allerdings nur im Winterhaar deutlich ausgeprägt. In der Sommerdecke ist er kleiner und nur verwaschen sichtbar.
Bei Widderlämmern deutet sich nach dem Haarwechsel zum Winterhaar der Sattelfleck als grauer Schatten an. In der weiteren Entwicklung wird der Sattelfleck bei Jährlingen schon wesentlich deutlicher. Da es gelegentlich schwer sein kann, einen schwachen Jährling von einem starken Lamm zu unterscheiden, kann die Ausprägung des Sattelflecks hier behilflich sein: Ein sehr gut erkennbarer Sattelfleck ist ein Hinweis auf einen Jährlingswidder.

Ab dem Alter von zwei Jahren zeigt sich der Sattelfleck im Winterhaar klar abgesetzt und konturenscharf. Er ist jedoch nicht bei allen Muffelwiddern ausgeprägt: Es gibt vollständig sattellose Widder – die sogenannten „Schwärzlinge". Vorhandener oder nicht vorhandener Sattelfleck ist gewiss kein Abschussgrund. Dieses Merkmal kann sogar vom Jäger genutzt werden, um einzelne Widder in der Population wiederzuerkennen.

BRUNFTMÄHNE

Ebenso wie der Sattelfleck ist auch die Mähne am Träger bei Widdern nur im Winterhaar ausgeprägt vorhanden. Lämmer haben noch keinerlei Mähne, während sie bei Jährlingswiddern schon in Ansätzen zu erkennen ist. Neben den angesprochenen Unterschieden im Sattelfleck kann auch dies als Unterscheidungsmerkmal zwischen sehr gut veranlagten Widderlämmern und schwachen Jährlingswiddern herangezogen werden.
Ab dem Lebensalter von drei bis vier Jahren ist die Mähne bei Muffelwiddern vollständig ausgebildet. Auf den ersten Blick können deshalb mittelalte Widder mit guter Schneckenentwicklung und ausgeprägter Wintermähne als vermeintlich reife Widder angesprochen werden. Die Mähnenstärke ist aus diesem Grund kein geeignetes Altersmerkmal, um beispielsweise mittelalte von reifen Widdern sicher zu unterscheiden.

Junger, etwa dreijähriger Widder mit ausgeprägter Brunftmähne und bereits „voller Schnecke"

TROPHÄENMERKMALE

Der komplette Kopfschmuck des Widders wird als „Schnecke" bezeichnet. Die beiden einzelnen Schneckenteile sind die „Schläuche".

WACHSTUM DER SCHLÄUCHE

Wie bei allen Boviden wächst auch beim Muffelwild der Kopfschmuck – von den winterlichen Wachstumspausen abgesehen – ein Leben lang kontinuierlich weiter.
Ab dem dritten beziehungsweise vierten Lebensmonat zeigen sich beim Widderlamm auf dem Haupt die Spitzen der Schläuche. Gut veranlagte Lämmer können bis zum Ende des ersten Lebensjahres bereits Schlauchlängen von 30 Zentimeter erreichen. Bei Jährlingen reichen die Schlauchlängen von 25 bis zu 60 Zentimetern.
Schon beim dreijährigen Widder ist die Schlauchlänge oft sehr schwer einzuschätzen, da die individuell sehr unterschiedlichen Formen der Schläuche (Auslage, Schwung, Drehung) den optischen Eindruck der Länge stark beeinflussen können.
Bei gleichen Schlauchumfängen wirken Widder mit großer Schlauchlänge und weiter Auslage dann optisch deutlich dünner als Widder mit geringen Schlauchlängen und schmaler Auslage. Geringe Schlauchlänge und schmale Auslage täuschen dem Jäger daher oft starke Schnecken vor.

JAHRESRINGE UND SCHMUCKWÜLSTE

Die mehrwöchige Wachstumspause der Schläuche im energetischen Engpass des Winters (November bis Februar) führt zu einer mehr oder minder sichtbaren Einschnürung – dem sogenannten Jahresring. An der Anzahl dieser Jahresringe lässt sich das Alter eines gesunden Widders deshalb recht genau ablesen. Auch in der freien Wildbahn sind die Jahresringe am lebenden Stück mit ein wenig Übung und guter Optik (beispielsweise Spektiv) häufig durchaus sichtbar.
Zusätzlich zu den Jahresringen sind an den Schläuchen die sogenannten Schmuckwülste erkennbar. Das sind die mehr oder minder regelmäßigen zahlreichen Schlauchwölbungen zwischen den einzelnen Jahrringen.

Merke: Es gibt immer deutlich mehr Schmuckwülste als Jahresringe!

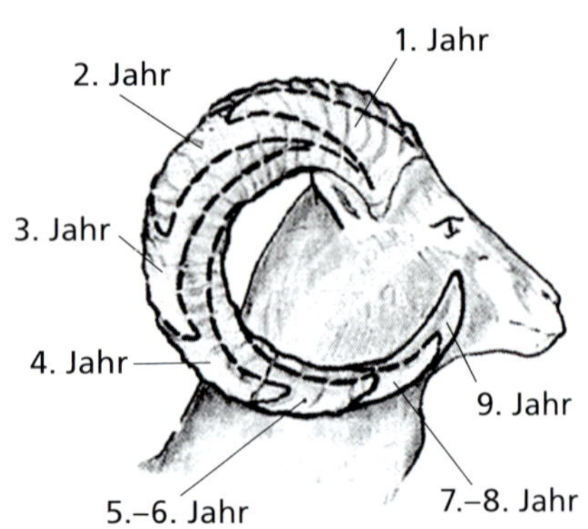

Schematische Darstellung der Schneckenentwicklung beim Widder

Die breiten Schmuckwülste an der Basis sprechen eine deutliche Sprache: ein junger Widder!

Ein wesentlicher Anhaltspunkt für das Alter eines Widders ist die Breite der Schmuckwülste an der Schneckenbasis. Breite Schmuckwülste weisen auf junge Widder hin. Sehr schmale Schmuckwülste sind in der Regel ein sicheres Ansprechmerkmal für einen alten Widder. Je älter Widder werden, desto stärker sind die Schmuckwülste zur Basis hin zusammengestaucht und bilden bei reifen Widdern nur noch ganz enge Rillen zwischen den Jahrringen. Bei lebenden Stücken sind diese in der Regel nur noch mit einem hochvergrößernden Fernglas oder Spektiv erkennbar. Stark ausgeprägte Wülste an der Basis der Schläuche haben nur junge bis mittelalte Widder. Reife Widder haben an der Basis stets feine Rillen.

SCHLAUCHAUSLAGE

Wesentliches Kriterium für die Bewertung einer Widdertrophäe ist die Auslage der Schnecke – das ist der weiteste Abstand der hinteren Außenflächen der Schläuche.

Ein guter optischer Hinweis auf die Schlauchauslage kann der Abstand zwischen Lauscherspitze und Kreisbogen sein, wenn der Jäger den Widder von vorn oder von hinten in Augenschein nimmt: Berühren die Lauscherspitzen scheinbar die Schnecken, ist die Auslage eher gering. Ist zwischen den Lauscherspitzen und den Schnecken ein deutlicher Abstand sichtbar, ist die Auslage (je nach Abstandsgröße) normal bis eher weit.
Auch die Rumpfbreite von rund 40 Zentimetern beim Widder kann bei Beobachtung frontal von vorn oder spitz von hinten ein guter Anhaltspunkt für die Auslage der Schnecke sein.

SPITZENEROSION

Die Spitzen der Schläuche unterliegen einer gewissen Erosion. Durch gelegentliches Scheuern an Bäumen sind die Spitzen der Schläuche bei älteren Widdern häufig stumpf. In der einschlägigen Literatur ist zuweilen zu lesen, dass dies eine von den Widdern absichtlich herbeigeführte Abnutzung der Schlauchspitzen sein soll. Widder

Frontalkämpfe der Widder führen häufig zu Beschädigungen der Schnecke.

Einwachser! Einwachser und Scheuerer sollten umgehend erlegt werden.

sollen damit verhindern, dass ihre seitliche Sicht behindert wird – ein gewiss diskussionswürdiger Interpretationsansatz!
Ab spätestens dem achten Lebensjahr ist die Abnutzung an den Schlauchspitzen nahezu identisch mit dem Zuwachs. Die Länge der Schläuche bleibt damit nahezu konstant. Dies war daher in früheren Zeiten das wesentliche Kriterium für den Abschuss des reifen Trophäen-Widders.

VOLLE SCHNECKE = REIFER WIDDER?

Ein weit verbreitetes (und ebenso falsches) Altersmerkmal ist die sogenannte volle Schnecke – auch *full curl* genannt: Die Schlauchspitzen erreichen dabei beim Widder nach vollständiger Drehung wieder die Höhe der Lichter beziehungsweise die Höhe der Schneckenbasis.
Bei Widdern mit sehr großer Auslage kommt es in der Praxis jedoch fast nie zu einer vollständigen Drehung der Schläuche. Schläuche mit engem Kreisbogen können hingegen schon bei mittelalten Widdern vollständig gedreht sein. Sie täuschen dem Jäger so auf den ersten, oberflächlichen Blick ein höheres Alter vor. Ein geschlossener Kreisbogen kann bei enger Auslage beispielsweise schon von einem dreijährigen Widder erreicht werden, während eine Schnecke mit sehr weiter Auslage und einem noch nicht geschlossenen Kreisbogen auch schon zu einem definitiv reifen, alten Widder gehören kann. Das Trophäenreifealter eines Muffelwidders liegt zwischen sechs und neun Jahren.

EINWACHSER UND SCHEUERER

Wachsen die Schlauchspitzen eines Widders in Richtung Träger, kann es zum sogenannten „Scheuerer" oder im Extremfall zum sogenannten „Einwachser" kommen. Scheuerer sind an den durch die Schlauchspitzen abgeriebenen Hautstellen am Träger gut zu erkennen. Bei Einwachsern kommt es sogar dazu, dass die Schlauchspitzen in den Träger einwachsen. Dies führt zu schweren Verletzungen bei den betroffenen Stücken.
Vor allem wenn Widder das Haupt zur Seite neigen, ist an der Stellung von Träger und Schlauchspitzen häufig schon der Ansatz zum Scheuerer oder gar Einwachser zu

In manchen Populationen kann der Anteil gehörnter Schafe recht hoch sein.

Die Stümpfe der Schafe sind viel kürzer sowie schmaler als die Schnecke der Widder.

erkennen. Scheuern die Schläuche bereits am Träger des Stücks oder wachsen diese gar ein, ist das Stück der Wildbahn zu entnehmen – aus Tierschutzgründen ggf. auch außerhalb der Jagdzeit. Die konsequente Entnahme gilt auch für Muffelwidder, bei denen eine eindeutige Tendenz zum Scheuerer beziehungsweise Einwachser gegeben ist.

GEHÖRNTE SCHAFE

In fast jeder freilebenden Muffelwildpopulation kommen zuweilen gehörnte Schafe vor – in manchen Populationen sind sie sogar recht häufig.
Die als Stümpfe bezeichneten Hörner der Schafe werden maximal 20 Zentimeter lang und sind von den Schläuchen junger Widder recht gut zu unterscheiden. Schafstümpfe stehen auf dem Haupt sehr weit auseinander und sind an der Basis ähnlich dünn wie im mittleren beziehungsweise oberen Bereich. Schläuche bei jungen Widdern sind an der Basis deutlich stärker als im oberen Bereich. Von vorn betrachtet ist die Basis junger Widderlämmer flächig und die beiden Schläuche stehen sehr eng zusammen. Zwischen den Stümpfen der Schafe ist dagegen ein deutlicher Freiraum erkennbar. Da bei Schafen grundsätzlich der Sattelfleck fehlt, dieser aber bei jungen Widdern zuweilen schon im Ansatz zu erkennen ist, sollte eine Verwechslung zwischen gehörnten Schafen und jungen Widdern in den meisten Fällen auszuschließen sein.

SCHALENPROBLEME

In ungeeigneten Lebensräumen, mit Böden, auf denen die Schalen nicht ausreichend abgenutzt werden, oder bedingt durch Krankheiten (Moderhinke) kann es zu deutlichen Beeinträchtigungen einzelner Stücke kommen. Aus Tierschutzgründen sind diese Stücke zu entnehmen.
Bei hinkenden Mufflons, aber auch kniend äsenden Stücken, sollte der Jäger besonders genau hinschauen. Dieses Verhalten kann auf das Vorliegen einer Schalenerkrankung beziehungsweise -deformation hindeuten. Doch es ist Vorsicht geboten! Denn auch völlig gesundes Muffelwild kniet bei der Äsungsaufnahme gern einmal. Nur im Zusammenhang mit weiteren Anhaltspunkten (Hinken, sichtbare Schalendeformationen) ist das kniende Äsen ein Hinweis auf einen notwendigen Abschuss.

MUFFELWILD – ANSPRECHTEIL

1

GEMISCHTES RUDEL – ENDE FEBRUAR

1. Ganz links im Bild ist ein mehrjähriges Altschaf zu erkennen. Der Wildkörper und das Haupt sind deutlich größer und markanter als der zarte Wildkörper sowie das kleine Haupt des rechts danebenstehenden Lamms. Von den beiden nach links schauenden Schafhäuptern (mittig im Bild) gehört das hintere gewiss zu einem Altschaf, das vordere möglicherweise eher zu einem Schmalschaf. Und auch bei den beiden zum Fotografen sichernden Schafen gehört das hintere Haupt eher zu einem Altschaf und das vordere tendenziell zu einem Schmalschaf. Das linke Schaf gehört eindeutig in die Klasse der mindestens mittelalten Schafe. Auch bei den drei männlichen Stücken rechts im Bild ist die Altersansprache eindeutig. Das Widderlamm ist aufgrund seiner Wildkörper- sowie Hauptgröße und der geringen Schnecke sowie dem fehlenden Sattelfleck eindeutig als solches zu erkennen. Von den beiden etwa zweijährigen Widdern sind sowohl das Haupt als auch die Schnecke des linken Widders deutlich stärker. Zudem weisen die Spitzen der Schläuche des rechten Widders gefährlich weit in Richtung Träger: Die Tendenz zum Scheuerer oder gar Einwachser ist klar erkennbar. Der Widder sollte der Wildbahn entnommen werden.

2

WIDDERJÄHRLING – MITTE OKTOBER

2. Dieser Jährling zeigt eine normale Schneckenentwicklung und ist feist im Wildbret. Der Sattelfleck deutet sich an.

SCHAFRUDEL – MITTE SEPTEMBER

3. Alle Stücke tragen noch ihre Sommerdecke. Rechts ist ein altes Schaf erkennbar. Es handelt sich vermutlich um das Leitschaf – man beachte die Einsattelung zwischen Haupt und Widerrist sowie den leichten Senkrücken. Links außen ist auch ein Altschaf erkennbar. Es ist aber vermutlich jünger als das zuvor besprochene. Die drei anderen Stücke sind normal bis gut entwickelte Lämmer aus dem Frühjahr. Das linke der drei Lämmer ist männlich. Bei den beiden anderen handelt es sich um Schaflämmer.

3

ZWEI SCHAFE – ENDE AUGUST

4. Beide Schafe tragen noch ihre kurze Sommerdecke. Durch die kurzen Haare wirken die Stücke schlanker als im Winter. Die eingefallene Rückenpartie, die knochige Hinterhand und die Weißfärbung am Haupt weisen das linke Schaf als deutlich älter aus. Auch die fahlgelbe Decke passt hier zu dem älteren Eindruck. Sowohl die Weißfärbung am Haupt als auch die fahlgelbe Decke können jedoch durchaus auch genauso schon bei jüngeren Stücken auftreten. Auch der Wildkörper des rechts im Bild stehenden Schafes bestätigt das geringere Alter des Stückes, obwohl es sich auch hier um kein junges Schaf mehr handelt.

4

REIFER WIDDER – ENDE OKTOBER

5. So sieht ein reifer Muffelwidder aus! Anhand der sehr gut erkennbaren Jahrringe (dünne, dunkle Bänder) lässt sich hier das Alter des Muffelwidders auf nahezu exakt elf Jahre beziffern. Die Schläuche zeigen nahezu eine vollständige Drehung. Bei diesem Widder liegt also ein sogenannter *full curl* vor. Die Einsattelung zwischen Widerrist und Haupt, der Senkrücken sowie die hervorstehenden Hüftknochen bestätigen das hohe Alter des Trophäenträgers. Die ausgeprägte weiße Gesichtszeichnung komplettiert das Bild dieses Widders, der eine nahezu makellose, reife Trophäe trägt!

5

6

ZWEI WIDDER – MITTE OKTOBER

6. Im Vordergrund ist ebenfalls ein reifer Widder zu sehen. Die leicht erkennbaren Jahrringe weisen ihn als etwa siebenjährig aus. Der Schwung des rechten Schlauches orientiert sich schon wieder in Richtung des Wildkörpers. Der Widder hat bereits mehr Kreis ausgebildet als der zuvor besprochene elfjährige Widder (Bild 5). Im Hintergrund ist unscharf ein etwa eineinhalbjähriger Widder zu erkennen.

7

ZWEI WIDDER – ANFANG OKTOBER

7. Der junge zweijährige Widder im Vordergrund ist kurz davor, zum Scheuerer beziehungsweise Einwachser zu werden. Es ist deutlich zu erkennen, dass die Spitze des Schlauches beim leicht nach rechts geneigten Haupt die Decke berührt. Der Widder sollte zügig erlegt werden! Der hintere Widder prahlt mit wuchtiger Schnecke und nahezu geschlossenem Kreisbogen. Die breiten Schneckenwülste an der Schlauchbasis weisen ihn jedoch als raschwüchsigen, keinesfalls reifen Widder aus. Er ist etwa drei Jahre alt.

8

WIDDERGRUPPE – MITTE OKTOBER

8. Auch auf diesem Bild ist bei allen Widdern anhand der breiten Schmuckwülste an der Schneckenbasis abzulesen, dass es sich ausschließlich um gut entwickelte Jungwidder handelt. Drei der Widder haben den Kreisbogen schon wieder nahezu auf Höhe der Lichter geschlossen. Anhand der Jahrringe können sie jedoch auf ein Alter von maximal drei Jahren taxiert werden. Sie sind somit weit entfernt von einer wirklichen Altersreife! Allerdings sind hier die Jahrringe bei den meisten Widdern kaum sichtbar. Dies ist ein Zeichen dafür, dass es sich womöglich um eine gut zugefütterte Population handelt. Treten im Verlaufe des Winters kaum wirkliche Äsungsengpässe auf, sind die Jahrringe häufig nicht so stark ausgeprägt.

WIDDERRUDEL – ENDE SEPTEMBER

9. Der links stehende Widder hat extrem enge Schlauchwülste, die jedoch so abgewetzt sind, dass die Jahrringe kaum mehr zu erkennen sind. Der Widder ist gewiss mindestens acht Jahre alt. Er hat damit das Reifealter erreicht. Auch der mittlere Widder deutet durch die engen Schlauchwülste an der Basis schon ein höheres Alter an. Nach einer groben Abschätzung der Jahrringe ist er mindestens sechs Jahre alt. Der rechts im Bild stehende Widder dürfte etwa fünfjährig sein.

9

ZWEI STARKE WIDDER – MITTE AUGUST

10. Auf den ersten Blick handelt es sich um zwei ähnliche Widder mit vergleichbarer Schlauchlänge. Der linke Widder ist jedoch der stärkere, während die Schnecke des rechts stehenden Stücks deutlich enger gestellt ist. Erst der genaue Blick auf die Rillung an der Basis der Schläuche und die Auszählung der Jahrringe verrät, dass wir es hier mit einem Altersunterschied von zwei Jahren zu tun haben. Der linke Widder ist etwa vierjährig, der rechte etwa sechs Jahre alt.

10

STARKER WIDDER – ANFANG OKTOBER

11. Eine beeindruckende Erscheinung! Wenn man sich jedoch die Schmuckwülste an der Basis ansieht und die grob zu erkennenden Jahrringe auszählt, ist dieser Widder höchstens fünf Jahre alt. Er hat das Reifealter damit definitiv noch nicht erreicht! Die stumpfen Schlauchspitzen lassen jedoch darauf schließen, dass der Zuwachs an der Schlauchbasis den Abrieb an den Schlauchspitzen nicht mehr ausgleicht. Die Trophäe ist daher nahezu ausgereift.

11

DREI SCHAFE UND ZWEI LÄMMER – MAI

12. Die drei Schafe tragen noch ihre Winterdecke. Das linke ist wohl das älteste Stück. Es hat einen ausgeprägten Widerrist sowie ein recht trockenes Haupt. Das erwachsene Stück in der Mitte ist ein gehörntes Schaf. Vor allem das erwachsene Haupt kennzeichnet dieses mittelalte Schaf. Die beiden Lämmer sind wenige Wochen alt und wurden in der Hauptlammzeit (März/April) gesetzt.

FÜNF WIDDER – ENDE JANUAR

13. Beim ganz rechts stehenden Widder scheint der Kreisbogen geschlossen. Da jedoch die Basisrillung nicht zu sehen ist, ist die Altersansprache aus der Perspektive unmöglich. Es handelt sich jedoch eher um einen mittelalten Widder. Auch die anderen vier Widder haben das Reifealter noch nicht erreicht. Der zweite Widder von links prahlt allerdings mit wirklich mächtigen Schläuchen.

EINZELNER WIDDER – DEZEMBER

14. Ein wahrlich imposanter Widder mit starken Schläuchen! Im Gegenlicht ist an den einzelnen Lichtpunkten an der Schnecke jedoch gut zu erkennen, dass die Schmuckwülste an der Basis noch extrem breit sind. Es handelt sich somit um einen etwa dreijährigen Widder. Für sein Alter trägt er jedoch eine starke Trophäe.

WIDDERLAMM – MITTE NOVEMBER

15. Bei diesem Widderlamm sind die Schläuche Mitte November gerade frisch durchgebrochen. Das Stück ist daher etwa vier Monate alt. Es handelt sich um ein spät gesetztes Lamm. Unter günstigen Bedingungen können Muffelschafe zweimal im Jahr lammen. Im Vogtland wurden beispielsweise Schafe im Winter gleichzeitig mit Frühjahrs- und Herbstlämmern beobachtet. Spätes Lammen kann aber auch durch den frühzeitigen Verlust des ersten Lamms bedingt sein.

15

GEMISCHTES RUDEL – ENDE JULI

16. Von links nach rechts: Links außen ist ein äsendes Schaflamm zu erkennen. Rechts davon (nach links äugend) findet sich ein mittelaltes Schaf (recht gerade Rückenlinie; schlankes, junges Haupt). Unmittelbar davor befindet sich ein äsendes Widderlamm. Dahinter steht ein körperlich deutlich stärkeres Stück (zum linken Altschaf schauend), das jedoch kaum eine stärkere Schneckenbildung als das zuvor besprochene Lamm hat. Dieses Stück ist möglicherweise ein Herbstlamm aus dem vergangenen Jahr und damit ein paar Monate älter. Direkt dahinter ist ein Jährlingswidder zu erkennen. Insgesamt befinden sich fünf Jährlingswidder in diesem Rudel. Der zweite Widder von links ist zweijährig, der rechts außen stehende Widder ist drei Jahre alt. Links hinter dem zweijährigen Widder ist ebenfalls ein Schaf zu erkennen (nur anhand des Hauptes ist hier eine Altersklassifizierung sehr schwierig). Vor dem Widder wiederum findet sich ein eher junges Schaf. Unmittelbar hinter diesem Schaf ist ein weiteres Schaflamm zu erkennen.

16

GAMSWILD

ALLGEMEINES UND BESONDERHEITEN

„Glücklich schätze sich jener, der auf diese wunderbare Wildart jagen darf", so sagte schon seine Königliche Hoheit Prinzregent Luitpold aus dem Geschlecht der Wittelsbacher, der ein begeisterter Gamsjäger war.

Zunächst ist das Gamswild im Vergleich zu anderen Schalenwildarten deutschlandweit selten. Bis auf wenige Inselvorkommen kommt es nur in den Alpen vor. Wo der Lebensraum passt, können Gamsen so zahlreich auftreten, dass eine jagdliche Nutzung durchaus möglich ist. Die Jahresstrecke in Deutschland liegt zwischen vier- und fünftausend Stück.
Durch die ungleiche Verteilung gibt es sehr viele Jäger, die niemals oder nur sehr selten auf diese Wildart weidwerken können. In der Regel wird auf Gamswild unter der Führung eines Pirschführers gejagt. Die meisten Jäger können so das Jagderlebnis in vollen Zügen genießen, denn das Ansprechen wird vom örtlichen Berufsjäger übernommen.
Gamswild ist tagaktiv. Die Stücke haben ihr Aktivitätshoch in den Morgen- sowie Vormittagsstunden und ruhen dann meist bis zu einer weiteren aktiven Phase in den Abendstunden. Zwischen diesen Aktivitätsphasen und während der Dunkelheit sind sie nicht besonders aktiv.

Mühelos bewegt sich Gamswild selbst in sehr steilem Gelände.

BEIDE GESCHLECHTER TRAGEN KRUCKEN

Besonders ist auch, dass sowohl männliche als auch weibliche Stücke einen Kopfschmuck tragen, welcher relativ ähnlich ist. Dies macht das Ansprechen – verglichen mit Reh- oder Rotwild – um einiges anspruchsvoller. Das Wiedererkennen über Jahre, welches beim Hirsch oder Rehbock teils möglich ist, ist beim Gams durch den wenig individuellen Kopfschmuck sehr schwierig. Hilfreich können hier Verletzungen der Lauscher, abgebrochene Schläuche oder Abnormitäten sein. Vorteilhaft beim Ansprechen sind die Jahresringe, welche an den Krucken meist gut zu erkennen sind. Dadurch ist zumindest am erlegten Stück eine exakte Altersbestimmung möglich. Das Ergebnis des Ansprechens vor dem Schuss kann so bei beiden Geschlechtern (anders als bei Cerviden) unmittelbar nach der Erlegung genau kontrolliert werden.

In den ersten drei Lebensjahren zeigen die Schläuche den größten Höhenzuwachs. Im vierten Lebensjahr wächst der sogenannte Zentimeterring hinzu. Danach folgen nur noch Millimeterringe. Die Jahresringe sind scharf abgesetzt. Schmuckringe sind dagegen runde Aufwölbungen und daher gut von den Jahrringen zu unterscheiden.
Ein weiterer Vorteil ist das Sozialverhalten des Gamswildes. So stehen meist mehrere Stücke beisammen. Der Jäger hat dann gute Vergleichsmöglichkeiten, was das Ansprechen deutlich erleichtert. Gamsen zeigen im Umfeld unserer anderen Schalenwildarten die langsamste körperliche Entwicklung. Der Zahnwechsel ist erst mit über 40 Lebensmonaten abgeschlossen und die Geschlechtsreife der weiblichen Stücke tritt meist ein bis zwei Jahre später ein als bei Reh- oder Rotwild. Dafür erreichen einzelne Geißen mit über 20 Jahren ein erstaunlich hohes Alter, was bei den oft sehr harten Lebensbedingungen im Gebirge eine Höchstleistung darstellt.

Beim Gamswild tragen sowohl männliche als auch weibliche Stücke Krucken.

BOCK ODER GEISS?

Was für den Rehwildjäger eine der einfachsten Fragen ist, ist beim Gamswild bereits eine echte Herausforderung!

Während ein Rehbock sofort als solcher zu erkennen ist, muss der Jäger bei der Ansprache des Geschlechts beim Gamswild schon deutlich genauer hinschauen.
Abgesehen von den eindeutigen Geschlechtsmerkmalen (Pinsel, Kurzwildbret und Gesäuge), welche in der Praxis teils sehr schwer erkennbar sind, gibt es mehrere Merkmale, die bei der Ansprache des Geschlechts weiterhelfen können.

KRUCKE

Das Auffallendste am Gamsbock sind die im Vergleich zur Geiß stärkeren Schläuche. Bereits beim Jährling deuten starke Schläuche eher auf ein männliches Stück hin. Geißen haben bis auf wenige Ausnahmen gut erkennbar dünnere Schläuche.
Häufig haben Böcke auch eine stärkere Hakelung der Schläuche. Die Spitzen zeigen zurück zur Basis der Krucken, während Geißen in der Regel wesentlich schwächer gehakelt sind. Die Spitzen der Geißschläuche zeigen eher nach hinten (rechtwinklig zur Basis).
Aber Vorsicht: **Kein Gams kann allein aufgrund der Krucke angesprochen werden!** Hierfür gibt es zu viele Ausnahmen von der Regel. In jedem Gamslebensraum kommen sowohl bockkruckige Geißen als auch geißkruckige Böcke vor.

Die Hakelung der Krucken beim Gamsbock (l.) ist in der Regel deutlich stärker als bei der Geiß.

Abgekochte Schädel von Stücken verschiedener Altersklassen sowie unterschiedlichen Geschlechts. Auffällig ist die in den Jugendjahren rasante Entwicklung der Krucke (1–5).

1. Das Gamskitz im August hat nur kleine weiche Spitzen.
2. Im Dezember sind die Spitzen etwas länger und zeigen schon mehr oder weniger Krümmung. Rückschlüsse auf das Geschlecht lassen sich aufgrund der Ausformung der Hörner in diesem Alter noch nicht ziehen.
3. Ein typischer Geißjährling. Die Schläuche sind dünn und nicht sehr stark gekrümmt.
4. Beim Bockjährling ist in der Regel die Basis dicker und die Hakelung stärker.
5. Eine zweijährige Geiß. Die Schläuche sind nur etwas länger als die des Jährlings.
6. Der zweijährige Bock steht oft schon in Bockrudeln. Einzelne bleiben auch lose beim Scharwild.
7. Eine klassische Gamsgeiß: Die Schläuche sind dünn, im Querschnitt rund und die Spitzen zeigen nach hinten.
8. Beim Bock sind die Schläuche dicker, im Querschnitt oval und die Spitzen zeigen nach unten – man sagt: Der Bock ist gut gehakelt.

Die Auslage sagt nichts über das Geschlecht der Stücke aus. Sie ist reine Veranlagungssache.

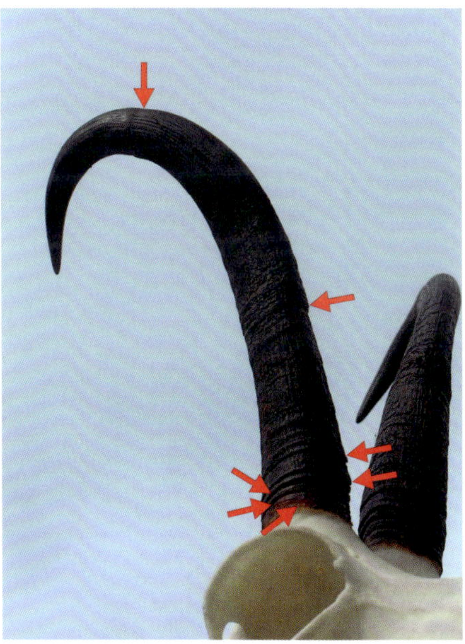

Markierte Jahrringe an der Krucke eines siebenjährigen Gamsbockes

DECKE

Während das Haarkleid im Sommer kaum Aussagen über das Geschlecht zulässt, ist es im Winter ein zusätzliches Indiz bei der Ansprache des Geschlechts. In den meisten Fällen erscheinen erwachsene Böcke im Vergleich zu den anderen Stücken im Winterhaar tiefschwarz. Besonders in der Brunft sind die langen Rückenhaare – der Bart – bei den Böcken gut erkennbar, wenn sie zum Imponieren aufgestellt werden.

Die Haare an der Rückenlinie der Geißen sind dagegen wesentlich kürzer. Weiterhin

hat die Decke der weiblichen Stücke eher cremefarbene oder silberne Akzente im sonst dunkelbraunen Winterkleid.
Aber Vorsicht: Auch hier kann selbstverständlich allein an der Färbung nicht sicher angesprochen werden!

VERHALTEN

Wenn in einem Brunftrudel zehn Geißen mit ihren Kitzen ruhig äsen und ein Stück fortlaufend im Rudel herumrennt und die anderen Stücke bedrängt, dann kann der Jäger schon aus weiter Entfernung den Bock im Rudel ausmachen.
Wenn im Sommer ein einzelnes Stück Gamswild in Talnähe auf den Wiesen oder in zuwachsenden Schlagflächen steht, handelt es sich mit großer Wahrscheinlichkeit um einen Bock. Denn zu dieser Jahreszeit stehen die Geißen mit ihren Kitzen und den Einjährigen (manchmal auch Zweijährigen) in den Hochlagen im Rudel.
Junge und mittelalte Böcke bilden im Sommer auch Bockrudel. Solche Vergesellschaftungen sind schon von Weitem zu erkennen, da niemals Kitze zwischen den adulten Stücken spielen.

PINSEL UND GESÄUGE

Wenn der Jäger den Pinsel (Haarbüschel an der Brunftrute) deutlich erkennt, kann er sich sicher sein, dass es sich um einen Bock handelt. Leider ist der Pinsel jedoch im Sommer bei jüngeren Böcken nicht oder nur schwer zu erkennen. Manche Gamsen haben auch am Bauchnabel einen dunklen Fleck, welcher vom unerfahrenen Jäger irrtümlich als Pinsel angesprochen werden kann.
Im Winterhaar ist der Pinsel bei erwachsenen Böcken gut zu erkennen. Bei jungen Böcken verschwindet er hingegen im längeren Winterhaar.

Der Pinsel ist bei diesem Gamsbock gut zu erkennen.

Das Gesäuge der führenden Gamsgeiß ist wesentlich schwerer zu erkennen als bei einer Ricke oder einem Rotalttier. Hier braucht es den Blick durch das Spektiv spitz von hinten auf das anzusprechende Stück – idealerweise bergauf. Im besten Fall kratzt sich die Geiß mit einem Hinterlauf hinter dem Lauscher. Dann ist das Gesäuge sehr gut zu erkennen.
Vom Setzen des Kitzes bis etwa Mitte September kann auf diese Weise gut angesprochen werden, ob es sich um eine führende oder eine nichtführende Geiß handelt. Später im Jahr wird dies immer schwieriger, das Gesäuge wird kleiner und die Decke zwischen den Keulen wird immer dichter und länger.
Generell gilt: Wenn eine Geiß nicht ganz sicher als nichtführend angesprochen werden kann, gilt sie als führend – auch wenn kein Kitz zu sehen ist!
Gerade im Sommer schließen sich die Kitze eines Rudels oft zu Spielverbänden, sogenannten Kindergärten, zusammen. Sie werden von einer erfahrenen Geiß beaufsichtigt. Führende Geißen können manchmal stundenlang allein beobachtet werden und plötzlich erscheint ein Kitz, rennt eilig zur Geiß und säugt gierig mit heftigen Stößen ins Gesäuge.

Die nässende Geiß knickt die Hinterläufe sehr stark ein.

NÄSSEN

Wenn der Jäger sich trotz allem noch nicht sicher ist, ob er einen Bock oder eine Geiß vor sich hat, kann er in Ruhe beobachten und warten, bis das Stück nässt. Jetzt kann auch der unerfahrenste Jäger erkennen, ob der Harnstrahl hinten herauskommt (Geiß) oder unten (Bock). Geißen gehen beim Nässen mit den Hinterläufen sehr tief in die Hocke. Der Bock nur leicht beziehungsweise gar nicht.
Tipp: Stücke, die länger im Lager waren und aufstehen, werden sich meist erst strecken und dann nässen, bevor sie äsen oder weiterziehen.

Der Gamsbock senkt den Rücken zum Nässen nur leicht ab.

DAS ALTER

Das Alter eines lebenden Stückes Gamswild anzusprechen, ist nur mit sehr viel Übung und Erfahrung möglich. In den meisten Fällen reicht aber eine grobe Einschätzung aus.

Kitze und Jährlinge sind beim Gamswild sehr leicht zu erkennen. In der Mittelklasse ist eine genaue Einschätzung gar nicht nötig, da in dieser Altersklasse eigentlich keine jagdliche Nutzung stattfinden sollte. Ausgenommen sind natürlich kranke oder verletzte Stücke, bei denen das Alter jedoch keine Rolle spielt.
Wenn ein Bock oder eine Geiß wirklich reif und alt ist, sind die typischen Altersmerkmale in der Regel deutlich zu erkennen. Ob ein Bock dann 13 oder 15 Jahre oder die Gamsgeiß 15 beziehungsweise 18 Jahre alt ist, spielt keine große Rolle.

Eine 18-jährige Geiß

DIE ERLEGERFREUDEN

Viel wichtiger ist bei der Erlegung einer reifen Gams die Freude über ein wunderbares Jagderlebnis und die Achtung vor einem Wildtier, welches unter extremen Lebensbedingungen ein derart langes Leben gemeistert hat. Wie viele harte Winter mag eine alte Gamsgeiß im Laufe ihres Lebens wohl nur knapp überstanden haben? Wie viele Kitze hat sie gesetzt und geführt? Wie viele Kämpfe mag ein alter Bock ausgefochten und gewonnen oder verloren haben? Diese Gedanken sollten bei der achtsamen Erlegung von alten Stücken im Vordergrund stehen. Ob das Stück nun ein Jahr jünger oder älter ist, sollte hier keine Rolle spielen.
Ein Bock mit acht Jahren ist zwar jagdbar, aber lange noch nicht alt und kann gut noch ein paar Jahre in seinem Lebensraum Gutes tun. Dasselbe gilt für eine zehnjährige Geiß. Selbst wenn eine Geiß in diesem Alter einmal kein Kitz führt, kann sie zweifelsfrei in den folgenden Jahren noch starke Kitze setzen und durch ihre Erfahrung eine wertvolle Stütze für den Bestand sein.

ALTE STÜCKE SIND WICHTIG!

Besonders beim Gamswild sind alte Stücke für die Population sehr wertvoll. Hochbetagte Stücke haben eben schon sehr viele strenge Winter, Lawinenabgänge, heiße

Sommer usw. überlebt und wissen bei jedem Extremereignis, wie sie sich zu verhalten haben. Dieses Wissen hilft nicht nur ihnen, sondern wird gleichzeitig im Rudel an die Jüngeren weitergegeben. So führt eine gute Altersstruktur zu geringeren Fallwildraten und zu einem gesunden und widerstandsfähigen Gesamtbestand. Ein Ansprechen hinsichtlich der Altersklassen ist deshalb beim Gamswild besonders wichtig!
Auskunft über das exakte Alter in Jahren ist bei lebenden erwachsenen Gamsen in freier Wildbahn weder zu 100 Prozent möglich noch notwendig.

AUS JUNG WIRD ALT

1. Beim jungen Gams steht der Träger noch hoch, die Schulterblätter ragen nicht über die Rückenlinie heraus. Egal ob der Träger wie hier im Bild hoch erhoben oder zum Äsen gesenkt ist – der Übergang vom Träger in die Rückenlinie ist eine harmonische Linie zwischen Träger und Widerrist.
2. Genauso harmonisch läuft die Linie des Brustkerns von der Trägerunterseite in die Bauchlinie. Schulterblätter und Vorderläufe erscheinen am Wildkörper ganz vorne.
3. Die Bauchlinie ist straff und verläuft im hinteren Bereich eher in Richtung Wedel. Durch den hohen Verlauf der Bauchlinie erscheinen die Läufe sehr lang.
4. Die Rückenlinie beginnt schon relativ weit vorne abzufallen und geht bogenförmig in die Keulenpartie über. Das Hüftgelenk ist sehr biegsam und erscheint in der Bewegung wie eine gespannte Feder.

Ein junges Stück Gamswild erscheint im Gesamteindruck immer grazil, beweglich und hat runde Körperformen. Die Farben der Decke sind intensiv und sehr kontrastreich.

Die Körpermerkmale beim jungen Gams

Schon auf den ersten Blick wird deutlich: Dieses Stück Gamswild ist deutlich älter als das Stück auf S. 115.

1. Durch das Gewicht, welches die Vorderläufe zu tragen haben, wandern die Schulterblätter optisch nach oben und können im Alter einen kleinen Höcker bilden. Dadurch rückt der Träger optisch tiefer in den Wildkörper und es entsteht eine Mulde zwischen Trägeransatz und Widerrist.
2. Das Brustbein verknöchert immer mehr und setzt Muskel- und Fettgewebe an. Dadurch erscheint der Brustkorb nach vorne hin eckig und die Vorderläufe wandern optisch in Richtung Körpermitte. Der Gams wird nach vorne hin länger.
3. Die Bauchlinie sinkt jedes Jahr etwas ab. Die Läufe erscheinen somit kürzer. Bei sehr alten Stücken entsteht zuweilen ein Badewannenbauch, der zwischen den Läufen tief und rund herunterzuhängen scheint.
4. Der Oberschenkelknochen wird in der Hüfte immer steifer und zeigt im Winkel mehr nach unten. Die Keulenmuskulatur nimmt in der Regel zu (bei Vergreisung wieder ab). Die Silhouette wird auch hinten eckig. Die Bewegungen sind (außer beim Flüchten) nicht mehr sportlich verspielt, sondern gemächlich, mühsam oder träge.

Insgesamt entsteht durch die Veränderungen eine Kastenform. Der Wildkörper erscheint rechteckig auf kurzen Läufen mit durchhängendem Bauch und tief in den Wildkörper rückendem Träger.

DAS HAUPT

Neben dem restlichen Wildkörper verändert sich auch das Haupt des Gamswildes im Laufe des Lebens sehr stark.

Das junge Gesicht erscheint in der Ansicht von vorn wie ein frisch gespitzter Bleistift. Spitz mit scharfen und klaren Abgrenzungen der Farben.

Mit zunehmendem Alter wird die Kaumuskulatur immer stärker und der Windfang breiter. Der Äser wird vorn rund wie ein Semmelknödel und die Konturen der Zügel verwischen. Das Ergrauen der Zügel ist, wie bei Hund und Mensch, eine individuelle Sache und kein sicheres Altersmerkmal. So können auch alte Stücke manchmal noch schwarze Zügel haben. Diese sind jedoch nicht mehr so klar in den Konturen.

Junge Gamsen haben auch ein „junges Gesicht" mit sehr scharf abgegrenzten Konturen. Zusammen mit dem spitz zulaufenden Äser erinnert das Gesicht an einen frisch gespitzten Bleistift.

Haupt einer sehr alten Gamsgeiß. Deutlich zu sehen ist der stumpfe, abgerundete Äser. Nichts erinnert mehr an den „spitzen Bleistift". Die Konturen sind verwaschen und die Zügel grau.

MERKMALE DER ALTERSKLASSEN

KITZE

Gamskitze sind selbst für unerfahrene Jäger leicht anzusprechen. Die auffälligsten Merkmale sind die fehlenden Krucken und der geringe Wildkörper. Kitze haben den Sommer über nur kleine Hornspitzen, die beständig wachsen und später im Jahr nach hinten gebogen sind. Körperlich sind sie deutlich geringer als erwachsene Gamsen. Die Sommerdecke ist nicht glatthaarig, sondern weich und erinnert eher an das Fell eines Stoffteddys. Farblich gibt es sowohl helle Kitze, welche gelblich-hellbraun erscheinen, als auch dunkle graubraune Kitze.

Auch das Verhalten dieser jungen Stücke ist sehr markant. Entweder stehen Kitze bei ihren Müttern oder sie toben wild mit den anderen Kitzen des Rudels herum. Es ist faszinierend zu beobachten, wie Gamskitze in senkrechten Felswänden spielen, in die der Mensch sich nur mit Kletterausrüstung wagt. Wenn Gamskitze ruhen, liegen sie oftmals in Körperkontakt mit ihren Müttern.

Eine Unterscheidung der Geschlechter ist nur möglich, wenn das Nässen beobachtet werden kann.

Eine Gruppe Gamskitze

JÄHRLINGE

Obwohl die Krucke beim Jährling verhältnismäßig stark an Höhe gewinnt, bleibt sie immer unter Lauscherhöhe. Die Kombination mit einem immer noch verhältnismäßig geringen Wildkörper führt dazu, dass auch Jährlinge in der Regel leicht und sicher anzusprechen sind.
In diesem Alter kann das Geschlecht der Stücke bereits am Kopfschmuck ausgemacht werden. So haben die Bockjährlinge dickere und stärker gebogene Schläuche, während Jährlingsgeißen dünne und weniger gebogene Schläuche besitzen. Die sonstigen Geschlechtsmerkmale sind noch nicht erkennbar.
Jährlinge haben bereits eine glatte Sommerdecke. Sehr schwache Jährlinge können ganz selten mit Kitzen verwechselt werden. Hier sind Reste des Winterhaares ein guter Hinweis. Ist verblichenes Winterhaar erkennbar, kann es sich nicht um ein Kitz handeln, da das Kitz im zurückliegenden Winter noch nicht gesetzt war.
Auffallend an der Jährlingsdecke ist die intensive Färbung. So erscheinen Jährlinge im Sonnenlicht fast orange. Sie fallen dadurch schon auf den ersten Blick im Rudel auf. In Revieren, wo es viele Jährlinge gibt, bilden diese zeitweise eigene Jährlingsrudel (die Kumpel aus dem letztjährigen Kindergarten). Meist ziehen sie aber mit den Geißen und den zugehörigen Kitzen zusammen im sogenannten Scharwildrudel, Graffel oder Bruslad.
Der Spieltrieb, das Herumhüpfen und die Verfolgungsjagden sind bei Jährlingen noch ausgeprägt, jedoch nicht mehr so wild wie bei den Kitzen. Anders als bei Schmalreh oder Schmaltier werden Geißjährlinge nicht brunftig und führen deshalb im darauffolgenden Jahr auch kein Kitz.

ZWEIJÄHRIGE

Zweijährige Gamsen sind allein aufgrund des Kopfschmuckes bereits nicht mehr eindeutig von erwachsenen Stücken zu unterscheiden. Der Wildkörper jedoch ist immer noch zierlich und die Decke hat meist eine etwas intensivere Färbung. Die Farben sind sehr kontrastreich. Aus menschlicher Sicht erscheinen Gamsen in diesem Alter besonders hübsch. Durch die scharfen Abgrenzungen der Farbpartien im Gesicht der Stücke wirken sie wie sehr akkurat geschminkt. Zweijährige Böcke verlassen meist das Schar-

Ein Jährlingsrudel

Links im Bild ist eine typische zweijährige Geiß im Frühling zu erkennen. Die rechte Geiß ist bereits dreijährig.

wildrudel und schließen sich den Bockrudeln an. Starke zweijährige Geißen werden im Herbst brunftig und führen dann als dreijährige das erste Kitz. Bei schlechter körperlicher Verfassung kann sich dies noch um ein oder zwei Jahre verzögern.

JUNGE ERWACHSENE GAMSEN (DREI- BIS FÜNFJÄHRIG)

In dieser Altersgruppe sind beide Geschlechter als erwachsene Stücke erkennbar, obwohl die jugendlichen Merkmale in der Regel noch gut zu sehen sind. Die Krucken

Ein etwa vierjähriges, flüchtiges Stück

haben im Wesentlichen ihre endgültige Höhe und Stärke erreicht und wachsen nur noch sehr langsam – Jahr für Jahr um wenige Millimeter.
Die meisten Geißen führen ein Kitz. Die Stücke sind aber in der Rangfolge des Geißenrudels noch nicht weit aufgestiegen.
Die männlichen Stücke haben sich in die Bockrudel integriert. Im Verlauf der Sommer- und Herbstmonate setzen sie Feist an und bekommen dadurch einen runderen Wildkörper. In der Brunft mischen diese Böcke ab und an schon mal mit. Sofern genügend ältere Böcke vorhanden sind, kommen sie aber nicht zum Zug.
Aufgrund ihres aktiven und sportlichen Verhaltens werden Böcke in diesem Alter von manchen Jägern auch als „Turner“ bezeichnet.

ERWACHSENE GAMSEN (FÜNF- BIS ZEHNJÄHRIG)

In dieser Altersgruppe sind die Stücke „im besten Alter“. Sie sind körperlich ausgewachsen, muskulös sowie sehr beweglich. Geißen führen in dieser Zeit fast immer Kitze. Die Böcke setzen im Sommer und Herbst viel Feist an und sind kurz vor der Brunft im Oktober richtige Brummer. Sie verlassen immer öfter die jugendlichen Bockrudel und stehen – abgesehen von der Brunft – allein. Wenn der Jäger einen Gams sieht und sich denkt: „Ein Gams wie im Bilderbuch, rund und gesund“, dann ist das Stück ziemlich sicher in dieser Altersklasse.

ÄLTERE GAMSEN (ZEHN- BIS 15-JÄHRIG)

Böcke sind in diesem Alter bereits in der letzten Phase ihres Lebens. Die Altersmerkmale sind stark ausgeprägt und es ist auch am Bewegungsablauf erkennbar, dass diese Böcke schon einige kräftezehrende Brunften und Winter durchgestanden haben. In der schneereichen Alpennordseite erreichen nur wenige Böcke ein Alter von über 15 Jahren. Für die meisten Geißen ist in diesem Alter noch alles im grünen Bereich. Die Mehrheit führt ein Kitz, manche bleiben aber bereits ohne Nachwuchs. Die Milchproduktion ist

Mithilfe des Spektivs kann man auf kurze Entfernungen manchmal die Jahresringe zählen.

Eine wirklich alte Gamsgeiß in ihrem letzten Lebensabschnitt

eine Höchstleistung der weiblichen Stücke, die großen Respekt verdient. Trotzdem werden Geißen in freier Natur in der Regel älter als Böcke. Wird Gamswild bei gutem Licht auf nahe Entfernung beobachtet oder fotografiert, können mithilfe guter Optik die Jahresringe gezählt werden. In den ersten Lebensjahren wächst die Krucke in großen Schüben. Ab dem vierten Jahr kommen nur noch die sogenannten Millimeterringe hinzu. Die untersten Ringe sind immer im Haupthaar verborgen. Gut sichtbare Millimeterringe geben beim älteren Gams aussagekräftige Hinweise auf das Alter.

ALTE GAMSEN (15-JÄHRIG UND ÄLTER)

In diesem Alter beginnt auch bei den Geißen der körperliche Abbau. Diese Stücke sind (wie die Gamskitze und Jährlinge) leicht anzusprechen. Das Haupt ist grau, der Äser breit, der Körper wird oft knochig und die Bewegungen sind altersgemäß gemächlich, mühsam und steif.

Auch für die Ansprache des Alters gilt beim Gamswild: Ein Merkmal allein reicht für ein sicheres Ansprechen keineswegs! Entscheidend ist immer der Gesamteindruck des Wildes.

GAMSWILD – ANSPRECHTEIL

GEISS UND KITZ – WINTER

1. Hier sieht man eine Geiß und ein Kitz, die zweifellos zusammengehören. Solche ausgesprochene Nähe duldet eine Gamsgeiß ausschließlich beim eigenen Nachwuchs. Durch den fehlenden Lauscher auf der linken Seite ist diese Geiß über Jahre hinweg stets wiederzuerkennen. Obwohl lediglich Träger, Haupt sowie Krucke zu sehen sind, ist deutlich zu erkennen, dass es sich um eine ältere Geiß handelt. Ich schätze sie auf ein Alter von etwa zwölf Jahren. Durch die leicht schräge Position des Hauptes ist die Hakelung der Schläuche deutlich erkennbar. Wie für ein weibliches Stück Gamswild üblich, zeigen die Schlauchspitzen in Richtung hinterer Rücken beziehungsweise Hinterläufe. Die Schläuche eines Bockes sind in der Regel dagegen deutlich stärker gehakelt.

BOCKJÄHRLING – SOMMER

2. Eine lauscherhohe Krucke mit starken Schläuchen lässt hier keine Zweifel offen: Es handelt sich um einen gut veranlagten männlichen Jährling. Solche Stücke sollten nicht erlegt werden, da sie die Hürde des ersten Winters bereits gemeistert haben und auf eine gute Entwicklung in der Zukunft hoffen lassen.

JUNGE GAMS – WINTER

3. Bock oder Geiß? In dieser Situation kann die Frage nicht beantwortet werden. Die schwarze Winterdecke sowie die starke Hakelung der Krucke deuten auf einen Bock hin. Die dünnen, runden Schläuche passen jedoch eher zu einer Geiß. Es handelt sich definitiv um ein junges Stück.

JUNGE GEISS – SOMMER

4. Bei dieser jungen Geiß sind die Schmuckringe deutlich zu erkennen. Diese Aufwölbungen der Krucke haben nichts mit den Jahrringen zu tun und sollten keinesfalls mit diesen verwechselt werden. Wenn diese fälschlicherweise zur Altersschätzung genutzt werden würden, käme der Beobachter auf ein deutlich zu hohes Alter!

JUNGER BOCK – SOMMER

5. Starke, gut gehakelte Schläuche und deutlich erkennbare Brunftkugeln lassen hier keine Zweifel – ein Bock. Der zierliche Wildkörper sowie die noch leicht orangerote Färbung der Sommerdecke verraten den Zweijährigen. Der runde Brustkern sowie der spitze Äser bestätigen diese Einschätzung.

MITTELALTER BOCK – SOMMER

6. Bei diesem Gams fällt wohl der erste Blick jedes Beobachters auf die ausgesprochen langen Schläuche. Doch durch diese enorme Länge sollte sich der Beobachter bei seiner Altersschätzung keinesfalls täuschen lassen! Denn der Wildkörper verrät den lediglich drei- bis vierjährigen Gamsbock. Diese Aufnahme ist ein sehr gutes Beispiel dafür, dass die Kruckenhöhe beim adulten Stück Gamswild kein Altersmerkmal darstellt.

ZWEI GEISSEN – FRÜHSOMMER

7. Zwei erwachsene Geißen im Frühsommer. Das Stück im Hintergrund hat bereits voll verfärbt und ist in gutem körperlichem Zustand. Die Geiß im Vordergrund trägt noch viel ausgeblichenes Winterhaar und der Wildkörper wirkt insgesamt sehr knochig. Es handelt sich eindeutig um eine ältere Geiß in schlechtem körperlichen Zustand. Kann sie sich im Sommer und Herbst nicht erholen und an Wildbretgewicht zulegen, wird der nächste Winter wohl ihr letzter sein.

SCHWARZWILD

KOMPLEXE WILDART

Schwarzwild ist vermutlich unsere mit Abstand intelligenteste Schalenwildart. Besonders schade: Mit dieser intelligenten Wildart gehen wir Jäger häufig leider geradezu lotterhaft um.

Nur weil es so viele Sauen gibt, sie inzwischen nahezu flächendeckend in Deutschland vorkommen und uns Landwirtschaft sowie Seuchengeschehen eine intensive Bejagung auferlegen, heißt das noch lange nicht, dass wir Jäger bei dieser Wildart nachlässig sein dürfen. Im Gegenteil: Die Intelligenz dieser Wildtiere und die Notwendigkeit einer intensiven Bejagung machen eine durchdachte und intelligente Jagd umso notwendiger!

STÄRKE DER STÜCKE

Abgesehen von der Situation bei Frischlingen, hängen Größe sowie Stärke von Sauen nur ganz selten wirklich mit dem Alter zusammen. So gibt es in fraßreichen Jahren ab und an gut genährte Überläufer, die teils 70 bis 80 Kilogramm aufgebrochen auf die Waage bringen können. Damit liegen sie gewichtsmäßig auf dem Niveau mehrjähriger Sauen.

Gewichtige Unterschiede gibt es beispielsweise auch zwischen Sauen aus verschiedenen Habitaten. Mittelgebirgs- oder gar Hochgebirgssauen sind gegenüber den Stücken aus ertragreichen Ackerregionen häufig regelrechte Hungerhaken. Flachlandjäger, die sich ins Mittelgebirge zum Sauenjagen aufmachen, müssen daher ausgesprochen umsichtig agieren, weil solide Frischlingsstärke im Flachland schon mal Bachenstärke im Mittelgebirge heißen kann!

INFO

- Lebendgewicht: Keiler bis 250 kg, Bachen bis 150 kg
- Körperlänge: Keiler bis 180 cm, Bachen bis 160 cm
- Körperhöhe: Keiler bis 90 cm, Bachen bis 80 cm
- Trophäenmaximum: im Alter von 7 bis 8 Jahren

SCHECKEN

In manchen Regionen sind gescheckte Sauen recht häufig. Sie sind Überbleibsel aus der meist versehentlichen Einkreuzung von Hausschweinen in Schwarzwildpopulationen. In Notzeiten (beispielsweise nach dem 2. Weltkrieg) wurden immer mal wieder Hausschweine zur Fütterung in die Wälder getrieben. Dort kam es dann gelegentlich zur Verpaarung zwischen den wilden Schweinen und ihren zahmen Vettern. Es ist erstaunlich, wie lange sich diese teils vor langer Zeit eingekreuzten Farbvarianten in den Schwarzwildpopulationen halten.

Zur „Reinerhaltung des Wildschweins" sind diese Stücke möglichst vorrangig zu erlegen – Mutterschutz geht aber natürlich immer vor!

Schecken – wie der Frischling links – kommen immer mal wieder vor und sollten vorrangig erlegt werden.

KLEINE ROTTENKUNDE

Die Vergesellschaftungen des Schwarzwildes sind etwas komplexer als bei unseren anderen Schalenwildarten, da wir es im Verlauf des Jahres häufig mit wechselnden Verbänden zu tun haben. Ganzjährig begegnen uns gemischte Rotten aus Bachen sowie Frischlingen und/oder Überläufern. Die erste erscheinende Sau oder die an der Spitze ziehende ist dabei stets die Leitbache. Handelt es sich um einen größeren Verband aus mehreren Bachen, zieht auch am Ende der Rotte stets eine der führenden Bachen des Verbandes.

Sobald eine Bache im Frühjahr erneut frischt, verlassen häufig die männlichen Frischlinge (ab dem 1. April Überläufer) die Rotte und ziehen einzeln oder in Überläuferrotten umher. Kommt eine Rotte aus gleichstarken

Bei größeren Rotten sind vorne und hinten stets alte Bachen zu finden.

Pinsel, Kamelhöcker, Karpfenrücken – Waffen sind aber nicht erkennbar: ein junger Keiler

Sauen, handelt es sich meist um Überläuferkeiler. Diese führungslos umherstreifenden Stücke sind relativ leicht zu bejagen. Aber auch eine reine Überläuferrotte kann natürlich im Frühjahr/Sommer eine Überläuferbachen-Rotte mit recht kleinen und/oder in der Vegetation unauffälligen Frischlingen sein. Bei Überläufern, die im Sommer mit Bachen vergesellschaftet sind, handelt es sich fast immer um Überläuferbachen.

In den ersten zwei Wochen verbleiben Frischlinge meist noch im wärmenden Wurfkessel.

Bei einzeln gehenden Sauen gibt es zumeist zwei Varianten:

— Keiler ab dem Alter von zwei Jahren sind außerhalb der Rauschzeit stets allein unterwegs. Es sei denn, es stehen irgendwo wahre Fraßschmankerl zur Verfügung. Ist das der Fall, tauchen sie auch rein zufällig außerhalb der Rauschzeit in der Nähe von Rotten auf.

— In den ersten beiden Lebenswochen verbleiben Frischlinge in der Obhut des Kessels und die Bache entfernt sich vorübergehend zur Suche nach Fraß. Durch das mittlerweile nahezu ganzjährig vorkommende Frischen muss der Jäger bei einzeln anwechselnden Sauen immer damit rechnen, eine führende Bache vor sich zu haben. Der Nachwuchs kann dabei entweder noch im Kessel liegen oder in der Vegetation für den Jäger nicht erkennbar sein.

Da inzwischen nahezu alle Sauen bundesweit ganzjährig Jagdzeit haben, wir das ganze Jahr über mit kleinen Frischlingen und damit führenden Bachen rechnen müssen, ist die intelligente, den Mutterschutz wahrende Bejagung von Schwarzwild eine der anspruchsvollsten jagdlichen Aufgaben.

FRISCHLINGE

Rein biologisch gesehen sind alle Stücke Schwarzwild von der Geburt bis zur Vollendung des ersten Lebensjahres Frischlinge.

„Jagdbiologisch" werden alle Frischlinge am 1. April des auf ihre Geburt folgenden Jahres zu Überläufern. Das kann dazu führen, dass Überläufer dann schon satte 15 Monate (Januarwurf) oder auch mal gerade acht Monate alt sind (Juliwurf). Bei extrem späten Würfen im Kalenderjahr kann es so sogar noch zu deutlich jüngeren Überläufern kommen.

Die normalen sowie wildbiologisch optimalen Zeitpunkte für das Frischen liegen im März/April. Frischlinge werden dann in die frostfreie Vegetationszeit hineingeboren und sind normalerweise in der Lage, bis zum kommenden Winter ein solides Körpergewicht von etwa 35 Kilogramm aufzubauen.

FRISCHLINGSBACHEN

Da wir inzwischen wissen, dass weibliche Frischlinge ab einem Gewicht von 20 bis 25 Kilogramm schon rauschig werden können und erfolgreich aufnehmen, ist leider die Rotfärbung kein Freifahrtschein für den Abschuss! Unter den extrem günstigen Lebensbedingungen Mitteleuropas beteiligen sich bis zu 80 Prozent der zum Normalzeitpunkt geborenen weiblichen Frischlinge bereits am Reproduktionsgeschehen im Herbst. Es begegnen uns daher inzwischen nicht selten im darauffolgenden zeitigen Frühjahr kindlich rot gefärbte Muttersauen, die sogenannten Frischlingsbachen.

Wenn Sauenbestände nicht ausufern sollen, müssen Frischlinge äußerst scharf bejagt werden.

Nach wenigen Wochen lösen sich die Frischlings-Streifen im rötlichen Jugendkleid auf.

Fester Fraß gehört schon nach wenigen Tagen zum Speiseplan der Frischlinge.

Wir müssen also davon ausgehen, dass vier von fünf uns im Frühling begegnenden weiblichen roten Sauen führend sind – ob nun vor dem 1. April als Frischlingsbachen oder nach dem 1. April als (noch kurze Zeit rot gefärbte) Überläuferbachen.

DIE TYPISCHE FÄRBUNG

Die Streifenfärbung der Frischlinge beginnt mit etwa sechs bis acht Wochen zu verwischen. Mit einem Alter von etwa vier bis fünf Monaten sind die Frischlinge streifenfrei. Die darauffolgende Winterschwarte der Frischlinge ist rotbraun und für den Jäger auch bei teils schwierigen Lichtverhältnissen als solche noch gut zu erkennen. Diese Rotfärbung ist den ganzen Winter über bis zum Frühling das wichtigste Ansprechmerkmal für einen Frischling. Durch diese Färbung sind Frischlinge von Überläufern den ganzen Herbst und Winter über gut zu unterscheiden.
Als weitere klassische Kennzeichen kommen die meist deutlich geringere Größe, der kurze kindliche Wurf und der noch unauffällige kurze sowie dünne Pürzel hinzu.
Dem Pürzel des Frischlings fehlt stets die Quaste. Sehr starke Frischlinge, die im Winter schon an das Gewicht schwacher Überläufer heranreichen können, sind neben der rötlich-braunen Farbe auch an der fehlenden Quaste sicher von schwachen Überläufern zu unterscheiden.
Frischlinge, die zu Beginn der Hauptjagdzeit (September/Oktober) noch Streifen tragen, wurden spät gefrischt und sollten vorrangig erlegt werden.

Manchmal sind bei älteren Frischlingen schon geschlechtsspezifische Unterschiede zu erkennen: ganz links weiblich, zweiter von links männlich?

ÜBERLÄUFER

Biologisch gesehen werden als Überläufer alle Sauen zusammengefasst, die sich in ihrem zweiten Lebensjahr befinden.

Analog zu der Situation bei Frischlingen sind Wildschweine „jagdbiologisch" gesehen vom 1. April des auf die Geburt folgenden Kalenderjahres bis zum 31. März des Folgejahres Überläufer.
Der Kopf ist schmal sowie langgestreckt und wirkt noch ein wenig kindlich. Überläufer sind meist deutlich hochläufiger als Frischlinge. Die Körperlänge liegt in der Regel aber noch unter der erwachsener Sauen. Die Rückenlinie ist gerade. Ihr Pürzel ist länger und kräftiger als bei Frischlingen und reicht schon mal bis zum Fersengelenk. Die Quaste beginnt sich zu entwickeln.
Nichtführende weibliche Überläufer, Überläuferkeiler sowie nichtführende Bachen wechseln oft meist als erste in die Sommerschwarte. Sie sind häufig schon Anfang Juni kurzhaarig-silbern. Überläufer sind in dieser Phase häufig noch an der Färbung der Kammborsten zu erkennen. Da diese als letzte gewechselt werden, sind sie meist noch bräunlich gefärbt. Auch im Herbst wechseln Überläufer (meist Überläuferkeiler) oft als erste in die grau beziehungsweise grauschwarze Winterschwarte. Führende Überläuferbachen hinken im Haarwechsel in der Regel deutlich den Überläuferkeilern hinterher.

ÜBERLÄUFERBACHEN

Weibliche Überläufer verbleiben sehr häufig in der Mutterrotte und nehmen nahezu vollständig am Fortpflanzungsgeschehen teil.

Weibliche rötliche Sau um 25 Kilogramm: Frischlingsbache!

Beim linken Stück sind die angezogenen Striche zu erkennen. Die beiden anderen Sauen haben in etwa die gleiche Größe: führende Bachen!

Im Frühjahr, wenn sie gerade aus der Klasse der Frischlinge in die der Überläufer gewechselt sind, lassen sie sich meist noch recht gut von älteren Bachen unterscheiden. Überläuferbachen frischen in der Regel später als ältere Bachen und sind im Frühjahr zuweilen an der runden Körperform und der manchmal sichtbaren Milchleiste zu erkennen.

Bei guter körperlicher Entwicklung lassen sich jedoch Überläuferbachen im Verlaufe des Sommers kaum mehr von älteren Bachen unterscheiden.

ÜBERLÄUFERKEILER

Männliche Überläufer lösen sich entweder kurz vor dem erneuten Frischen der Bachen – spätestens aber mit der erneuten Rausche der Bachen – aus dem Rottenverband der Mutter und ziehen einzeln oder in Junggesellenverbänden (Überläuferrotten) umher. Da sie noch relativ unerfahren sind, lassen sie sich leicht bejagen. Dies ist gewiss auch einer der wesentlichen Gründe, weshalb es in den höheren Altersklassen einen Überhang an weiblichen Stücken gibt. In der Sommerschwarte ist häufig schon das Kurzwildbret und der Pinsel zu erkennen. Der Wurf erscheint durch das Wachstum der – aber noch nicht sichtbaren – Waffen manchmal schon breiter und aufgeworfener (beginnender Wurfhöcker) als der von Überläuferbachen.

Männliche und weibliche Überläufer zeigen gelegentlich an der Stelle, an der sich der Wurf verbreitert, zwei helle Punkte, die

BAUCHLINIE – AUFGEPASST!

Bei der Ansprache der Bauchlinie (Keiler oder Bache, führend oder nichtführend) muss der Jäger höllisch aufpassen und besonders genau hinschauen. So manche Bache, die eine besonders prägnante angezogene Zitze hatte, ist bei schlechtem Licht oder oberflächlicher Ansprache schon als Keiler gefallen. Dies kommt häufiger bei Bachen vor, die nur einen Frischling führen.

keinesfalls mit den Waffen verwechselt werden dürfen. Diese hellen Partien sind manchmal auch bei älteren weiblichen sowie männlichen Stücken ausgeprägt. Überläuferrotten bestehen zumeist aus männlichen Stücken. Doch keine Regel ohne Ausnahme! Gelegentlich finden sich auch Überläuferbachen in den Rotten.

HAARWECHSEL VERZÖGERT SICH!

Führende Stücke wechseln – bedingt durch den belasteten Energiehaushalt – ihre dunkle Winterschwarte im Frühjahr deutlich später. Sillbergraue Sommerstücke innerhalb dunkel gefärbter Rotten sind daher häufig entweder Keiler oder nichtführende Stücke. Doch Vorsicht! Die silbrig-graue Färbung eines Stückes, als alleiniges Kriterium innerhalb der Rotte ansonsten schwarzer Stücke, ist natürlich keinesfalls ein Freifahrtschein für die Erlegung! Im Verlaufe des Junis wechseln dann auch die führenden Bachen in die silbergraue Sommerschwarte. Bei älteren Keilern oder Bachen ähnelt die kurzhaarige Sommerschwarte häufig einer silbergrauen Elefantenhaut. Alte Sauen – vor allem alte Keiler mit ausgeprägtem Karpfenrücken – werden daher gelegentlich als Silberrücken bezeichnet. Führende Bachen, die recht lange in den Sommer hinein ihre Winterschwarte tragen, wirken dann häufig keilerartiger als die schon in der Sommerschwarte befindlichen männlichen Kollegen. Für ein sicheres Ansprechen sollte der Jäger deshalb insbesondere im Frühjahr und Sommer einen Blick unter die Bauchlinie des Stückes werfen. So können führende Bachen sicher angesprochen werden.

Starke junge Bache, die mit mindestens zwei angezogenen Strichen mehr als den einen sichtbaren Frischling führt.

ÄLTERE SAUEN

Sauen, die ihren 24. Lebensmonat vollendet haben, werden zu Bachen oder Keilern.

BACHEN

Bachen unterscheiden sich von Keilern durch den längeren Kopf und die meist völlig gerade Rückenlinie – ihnen fehlen Karpfenrücken sowie Kamelhöcker. Der Wildkörper älterer, reifer Bachen ist häufig eher länglich-rechteckig, während Keiler oft kompakt-quadratisch wirken. Ähnliches gilt auch für den Kopf, der bei Bachen ebenfalls länger und spitzer ist als der eines Keilers. Die bei Bachen fehlenden Waffen führen auch dazu, dass der Wurf von vorn betrachtet deutlich schmaler wirkt als der Wurf eines Keilers. Bachen haben zudem meist einen geraden Wurfrücken, der bei Keilern häufig – wegen der Waffen – einen Höcker aufweist. Der Blick auf den Wurf kann also ein erstes Indiz bei der Ansprache des Geschlechts liefern.

Doch auch hier ist Vorsicht geboten. So gibt es selten auch mal Keiler mit einer für Bachen typischen Figur und umgekehrt. Bachen können auch bis ins hohe Alter regelmäßig Frischlinge führen. Geltbachen treten meist erst im hohen Alter auf und sind in unserer fraßreichen und intensiv bejagten Landschaft sehr seltene Erscheinungen.

Starke Bache mit strammen Frischlingen im Spätsommer – letztere sind sehr gute „Küchenschweine".

Waffen, Pinsel, Klötze – junger, keineswegs reifer Keiler!

KEILER

Aufgrund der sehr intensiven Schwarzwildbejagung sind mehrjährige Keiler in vielen Regionen Deutschlands heute Mangelware.

JUNGE KEILER (ZWEI- BIS VIERJÄHRIG)

Bei jungen Keilern sind Karpfenrücken sowie Kamelhöcker kaum ausgeprägt, die Rückenlinie ist häufig noch bachenähnlich gerade. Das Gewicht ruht noch ausgesprochen gut verteilt auf Vorder- und Hinterläufen. Die Gewehre entwickeln sich im Alter von zwei bis vier Jahren deutlich in ihrer Länge. Bei einem vierjährigen Keiler sind sie schon ausgesprochen präsent. Auch der breite Wurf und der Wurfhöcker sind in diesem Alter schon deutlich erkennbar. Mit zunehmendem Alter sind sie immer deutlicher werdende Unterscheidungsmerkmale zwischen Keilern und Bachen. Je stärker die Waffen der Keiler werden, desto sichtbarer wird auch der von vorn breite Wurf des Keilers in Relation zum schmalen Wurf der Bache. Der Pinsel ist grundsätzlich bei allen Keilern in der kurzen Sommerschwarte deutlich besser sichtbar als in der langen Winterschwarte. Im Winter fällt er nur durch ein paar längere Haare auf, die in der Winterschwarte jedoch auch einmal untergehen.

MITTELALTE KEILER (FÜNF- BIS SECHSJÄHRIG)

Mit fünf Jahren haben die meisten Keiler schon das Maximum ihrer Gewehrlänge erreicht. Ab diesem Alter wachsen die Gewehre meist nur noch in der Breite. Dieses Merkmal wird aber erst beim Präparieren der Gewehre sichtbar und ist deshalb kein Ansprechmerkmal am lebenden Stück. Die reine Ansprache über die berühmte Zigarettenlänge der Gewehre, die aus dem Unterkiefer herausragt, sagt uns meist nur, dass der Keiler mindestens vier bis fünf Jahre alt sein dürfte. Er kann aber selbstverständlich auch schon deutlich älter sein.

ALTE, REIFE KEILER (SIEBENJÄHRIG UND ÄLTER)

Ab dem achten Lebensjahr gilt der Keiler als klassisch jagdbar und wird in der jagdlichen Terminologie mit dem Titel Hauptschwein bedacht. Keiler, die in unseren Revierstruk-

SCHILD – SCHULTERPANZER DER KEILER

An der Schulterpartie älterer Keiler bildet sich häufig der sogenannte Schild. Dabei handelt es sich um eine verkrustete, meist aus getrocknetem Schlamm gebildete mehr oder weniger dicke Schicht. Sie dient wohl primär dazu, die gefürchteten Seitenhiebe bei den heftigen Keilerkämpfen abzuwehren.

turen und bei der außerordentlich starken Bejagung dieses Alter erreichen, können wahrlich als Überlebenskünstler bezeichnet werden.

KEILERFIGUR

Ältere Keiler neigen immer stärker zur Ausbildung eines klassischen Karpfenrückens (in der Rückenpartie über den Vorderläufen) und auch zur Bildung eines Kamelhöckers (Buckel in der Rückenpartie über den Hinterläufen). Diese Merkmale sind aufgrund der langen Kammborsten in der Winterschwarte deutlich sichtbarer als im Sommer. Das Rückgrat eines alten Keilers zeigt aber eigentlich immer eine höhere Wölbung als das eher gerade Rückgrat einer Bache oder eines jüngeren Keilers.

Der größte Teil des Gewichtes eines reifen Keilers ruht auf den Vorderläufen und fällt zu den Keulen hin deutlich ab. Selbst reife, alte Bachen zeigen zumeist immer noch eine deutlich ausgeglichenere Gewichtsverteilung auf Vorder- und Hinterläufe. Durch den oft tiefhängenden Bauch erscheinen alte Keiler recht kurzläufig – vor allem in der langhaarigen Winterschwarte. Im Winter entsteht so der Eindruck einer „geringen Bodenfreiheit“. Reife Keiler zeigen zudem häufig einen deutlichen Senkrücken. Zwischen Karpfenrücken und Kamelhöcker bildet sich dann eine klar erkennbare Mulde, die mit zunehmendem Alter immer ausgeprägter wird.

KOPF

Der Kopf von Keilern ist meist massiger und erscheint stumpfer als der von Bachen. In der deutlich kürzeren Sommerschwarte wirkt jedoch der Kopf eines Keilers teils bachenartig. Die Oberlippe ist meist hochgewölbt und die Gewehre ragen deutlich sichtbar heraus. Dies ist im Sommer wesentlich deutlicher als im Winter. Alte Keiler tragen zudem oft einen Backenbart und haben stark behaarte Teller.

KURZWILDBRET

Ab einem Alter von zwei Jahren sind beim Keiler schon von hinten die Klötze zu erkennen. Bei älteren Keilern sind sie ausgesprochen präsent! Der bekannte Berufsjäger Matthias Meyer sagte einmal sehr treffend: „Von hinten betrachtet sieht das Kurzwildbret (Klötze) eines Keilers wie ein unter den Pürzelansatz geklebtes Brötchen aus.“

PÜRZEL

Bei alten Keilern reicht der Pürzel bis weit über das Fersengelenk hinaus und die Quaste ist als „wuscheliger Puschel“ gut zu erkennen. Die Länge des Pürzels und die Stärke der Quaste sollen laut einiger Kollegen stark mit dem Alter korrelieren. Ich glaube aber kaum, dass man mittelalte und alte Keiler an Pürzellänge und Quastenstärke wirklich auseinanderhalten kann – dafür sind die individuellen Unterschiede gewiss zu groß.

STARKER KEILER = STARKE WAFFEN?

Bei Keilern korreliert in den seltensten Fällen Körperstärke mit der Trophäenstärke. Alte, reife Keiler mit langen Waffen sind häufig körperlich erstaunlich schwach. Gewaltig wirkende Stücke mit einem hohen Wildbretgewicht sind jedoch häufig mittelalte Keiler.

Länge, Präsenz der Waffen und Körperform deuten hier auf einen mittelalten Keiler.

RAUSCHAKTIVE KEILER WERDEN SCHLANKER

Keiler, die sich besonders aktiv an der Rausche im Winter beteiligt haben, wirken oft bis in den Sommer hinein körperlich schlank. Die Stücke brauchen recht lange, um das in der Rauschzeit verlorene Gewicht wieder aufzubauen. Das mag auch einer der Gründe sein, weshalb alte, reife Keiler häufig nur relativ wenig Gewicht auf die Waage bringen. Junge bis mittelalte Keiler zeigen hingegen regelmäßig erstaunlich hohe Wildbretgewichte. Aufgebrochen bringen diese Stücke nicht selten über 100 Kilogramm auf die Waage. Insbesondere in Revieren mit einem hohen Anteil landwirtschaftlicher Kulturen finden Sauen reichlich Fraß. Bereits Überläufer reichen in solchen Revieren mit ihren Wildbretgewichten an die Marke von 100 Kilogramm heran.

Wie ein „aufgeklebtes Brötchen“ – Klötze eines Keilers

ALTERSANSPRACHE AM ERLEGTEN STÜCK

Beim Schwarzwild können die drei jagdlich relevanten Altersklassen (Frischlinge, Überläufer, ältere Sauen) eindeutig anhand der Zahnentwicklung identifiziert werden.

FRISCHLINGE

Die untere Schneidezahnreihe besteht immer aus mindestens vier annähernd gleich großen Milchzähnen. Diese Milchzähne sind als schlanke Stiftzähne eindeutig von den breiteren Dauerzähnen zu unterscheiden.

ÜBERLÄUFER

Überläufer haben eine gebogene beziehungsweise geschwungene Schneidezahnfront. Eine oval nach innen beziehungsweise v-förmige Schneidezahnfront ist Zeichen für einen jungen Überläufer. Die oval nach außen – wie die Fingerspitzen einer Hand – geformte Schneidezahnfront ist Kennzeichen für einen älteren Überläufer.

Der dritte Prämolar wird im Alter von 14 bis 16 Monaten vom dreiteiligen Milchzahn zum zweiteiligen Dauerzahn. Junge Überläufer haben also unter Umständen noch einen dreiteiligen, ältere Überläufer definitiv einen zweiteiligen hintersten Prämolar.

Der zweite Molar bricht frühestens mit zehn Monaten durch. Mit 17 Monaten haben alle Überläufer einen vollständigen M2.

MEHRJÄHRIGE SAUEN

Sauen ab einem Alter von zwei Jahren haben eine vollständig gerade Reihe der vier unteren Schneidezähne als Dauerzähne. Der dritte Prämolar ist in jedem Fall zweiteilig. Der dritte Molar kann schon mit 19 Monaten durchbrechen. Er entwickelt sich jedoch meist zwischen dem 21. und 24. Monat. Ab dem 31. Lebensmonat ist er bei allen Sauen vorhanden. Einen voll ausgebildeten M3 haben also nur über zweijährige Sauen.

SCHWIERIGE SITUATION

Die berühmte Zigarettenlänge der Gewehre ist leider nur ein bedingt gutes Merkmal für den reifen Keiler. Die maximale Länge der Gewehre wird nämlich meist schon im Alter von etwa fünf Jahren erreicht. In diesem Alter ist der Keiler jedoch noch nicht wirklich reif. Auch der Spruch „wenn ein Lineal beziehungsweise Zollstock auf den Gewehren abgelegt werden kann, ohne den Wurf zu berühren, ist der Keiler reif", ist wenig brauchbar, da dies sich ausschließlich auf die Länge der Gewehre bezieht.

Sowohl die Altersschätzung nach der Brandtschen Formzahl (Breite am Wurzelende dividiert durch Breite am Schleifflächenansatz) als auch die nach der Biegerschen

Formzahl (sechs verschiedene Waffenwerte) weichen oft um mehrere Jahre vom tatsächlichen Alter des Keilers ab. Für eine exakte Altersermittlung sind sie somit unbrauchbar.

Im Saupark Springe hat Wilhelm Puchmüller 330 Keilerwaffen vermessen. Während die maximale Gewehrlänge oft schon von Keilern mit fünf Jahren erreicht wurde, war die maximale Gewehrbreite durchschnittlich erst im Alter von neun Jahren erreicht. Die Entwicklung einzelner Waffen-Merkmale ist jedoch bei Keilern so individuell, dass eine Altersbestimmung anhand der Waffen schwierig ist.

Bei der Altersansprache am lebenden Stück bleibt zuweilen eine gewisse Unsicherheit.

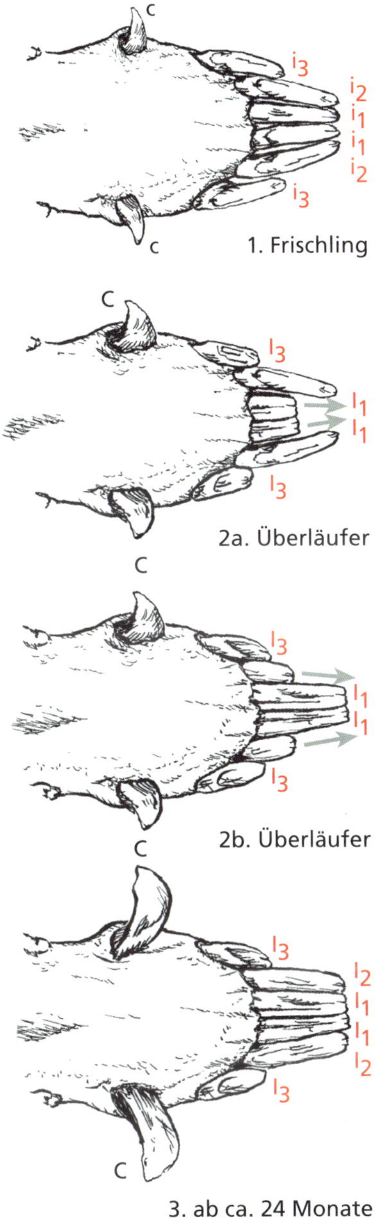

Abb. 1: Typisch für das Milchzahngebiss eines Frischlings (bis etwa 11 Monate) sind die stiftartigen Eck- sowie Schneidezähne – Abb. 2a/Abb. 2b: Ab einem Alter von etwa 13 Monaten beginnt der Zahnwechsel der Schneidezähne. Zunächst werden die inneren, dann die äußeren Schneidezähne gewechselt, wodurch die Reihe der Schneidezähne ungleich lang ist – Abb. 3: Mit einem Alter von etwa 24 Monaten stehen die Schneidezähne im Dauergebiss etwa auf gleicher Höhe

SCHWARZWILD – ANSPRECHTEIL

DREI BACHEN MIT FRISCHLINGEN – MITTE APRIL

1. Gestreifte, rund drei Wochen alte Frischlinge mit drei schwarzbeige gefärbten Bachen. Bei der linken und bei der hinteren Bache ist jeweils das Gesäuge gut zu erkennen. Die rechte Bache ist sowohl von der Färbung als auch von der Größe des Wildkörpers mit den beiden anderen Bachen vergleichbar. Sie wird höchstwahrscheinlich auch Frischlinge führen. Ist Wildschaden zu erwarten, kann einer der Frischlinge erlegt werden, um diese Rotte für eine gewisse Zeit von der Fläche zu vergrämen.

FRISCHLINGE – ANFANG MAI

2. Stellen Frischlinge ihre eher noch bescheidenen „Federn" auf, wirkt die Sau gleich um etliches größer. Sitzt der Schuss dann noch ein wenig zu hoch, liegt ganz schnell ein Krellschuss vor. Neben der Anatomie des Schwarzwildes sind insbesondere die langen Borsten im Rückenbereich der Grund für die beim Schwarzwild relativ häufig vorkommenden Krellschüsse.

KEILER – MITTE AUGUST

3. Eine wuchtige Erscheinung: Karpfenrücken vorn, Kamelhöcker hinten sowie ein blitzendes Gewaff – so sieht ein reifer (und recht gut genährter) Keiler aus. Besonders auffällig ist hier auch der gedrungene Kopf. Es ist Spätsommer, die Hauptrauschzeit liegt damit noch weit entfernt. Das Stück wäre demnach mit hoher Wahrscheinlichkeit auch in der Küche gut zu verwerten. Hier darf der passionierte Keilerjäger zur Tat schreiten und Beute machen.

GEMISCHTE ROTTE – ANFANG NOVEMBER

4. Gemischte Rotte im Grünland: Hier brechen offenbar mehrere Bachen mit ihren Frischlingen. Da mindestens 13 Frischlinge zu erkennen sind, können diese keinesfalls von einer Bache stammen (maximal mögliche Anzahl von Frischlingen pro Bache: elf). Hier können zum Aufnahmezeitpunkt die roten Frischlinge problemlos bejagt werden. Herausfordernd ist in solchen Situationen jedoch häufig die Schussabgabe selbst. Denn nur mit Geduld und Überblick lässt sich aus solch großen Rotten ein Stück erlegen, ohne ein weiteres in der nahen Umgebung stehendes Stück zu gefährden.

4

ÜBERLÄUFERBACHE – ANFANG SEPTEMBER

5. Wahrlich kein starkes Stück Schwarzwild! Jedoch aufgrund des deutlich erkennbaren Gesäuges definitiv eine führende Bache! Aufgrund der Körperstärke und des langen schlanken Wurfes, wird es vermutlich eine Überläuferbache sein. Die Anzahl der Frischlinge einer Bache kann durchaus ein Anhaltspunkt für ihr Alter sein. Sie nimmt nämlich im Durchschnitt von vier bis fünf bei Frischlingsbachen über fünf bis sieben bei Überläuferbachen zu meist über sieben bei dreijährigen und älteren Bachen zu. Diese Zahlen sind jedoch nur ein vager Anhaltspunkt!

5

ZWEI SAUEN – ANFANG JUNI

6. Hier bleibt die Kugel im Lauf. Ein exaktes Ansprechen des Stückes ist in der abgelichteten Situation unmöglich. Außerdem wird dem aufmerksamen Beobachter auffallen, dass links neben der vermutlich adulten Sau ein weiteres Stück mit der Größe eines Frischlings zu sehen ist. Wir haben es hier also sehr wahrscheinlich mit einer Bache und ihren Frischlingen zu tun. In den Sommermonaten nutzen Sauen gern Rapsfelder als Tageseinstand.

6

BACHEN – ENDE JUNI

7. Diese sichtbar führende Bache wechselt erst jetzt (Ende Juni) in die Sommerschwarte. Der Haarwechsel vom Winter- ins Sommerhaar vollzieht sich beim Schwarzwild normalerweise im Laufe des Mais. Behalten Stücke noch länger ihre Winterschwarte, handelt es sich in den meisten Fällen um Bachen, die meist aufgrund der energiezehrenden Frischlingsaufzucht deutlich später ins Sommerhaar wechseln. Das hintere Stück ist von ähnlicher Größe, scheint jedoch beim Haarwechsel noch weiter zurück zu sein. Hier handelt es sich mit Sicherheit also ebenfalls um eine führende Bache.

KEILER – MITTE AUGUST

8. Blitzende Waffen, Karpfenrücken, Kamelhöcker – definitiv ein Keiler! Gewiss handelt es sich nicht um einen Überläuferkeiler. Auch für einen Zweijährigen sind die Waffen bereits zu stark ausgebildet. Ob er nun erst fünf Jahre oder doch schon sieben bis acht Jahre alt ist, lässt sich kaum ansprechen. Es handelt sich im Übrigen um denselben Keiler wie in Bild 3.

BACHE – MITTE JUNI

9. Dieses führende Stück (zwei deutlich sichtbare Striche) ist aufgrund der Körpergröße und der rot-beigen Schwarte gewiss eine Überläuferbache. Die rötliche Färbung verliert sich jedoch bei Überläufern recht zügig im Verlaufe des Wechsels ins Sommerhaar.

WEIBLICHER FRISCHLING – MITTE AUGUST

10. Bei diesem Stück sind die Frischlingsstreifen noch zu erahnen, aber schon weitgehend dem rotbraunen Folgekleid gewichen. Die Streifen auf der Frischlingsschwarte sind bis zu einem Alter von drei bis vier Monaten deutlich zu erkennen. Der Übergang zur einfarbig braunen Schwarte beginnt bei zu normaler Zeit gesetzten Frischlingen etwa im Juli. Der Großteil dieser Frischlinge erscheint dann im September vollständig braun. Aus dieser Perspektive müsste bei einem männlichen Frischling auch schon der Pinsel erkennbar sein. Es handelt sich also um einen weiblichen Frischling.

FRISCHLINGSKEILER – MITTE AUGUST

11. Bei diesem Frischling ist die Streifung bereits vollständig verschwunden und er trägt das rotbraune Frischlingskleid. Auch der geringe Wildkörper verrät hier den Frischling. Vor dem hellen Waldweg hebt sich der Pinsel deutlich ab: Es handelt sich also eindeutig um einen männlichen Frischling.

ROTTE – ANFANG MAI

12. Sechs junge Frischlinge und fünf Sauen, älter als ein Jahr. Bei dem hintersten offensichtlich auch etwas stärkeren Stück ist ein angezogener Strich zu erkennen. Die Schwarte hat noch ausgesprochen viele rote Farbtupfer, also möglicherweise eine Überläuferbache. Die beiden linken Stücke tragen ebenfalls noch das rote Jugendkleid und sind aufgrund von Wildkörpergröße und Kopfform auch gut als Überläufer anzusprechen. Das zweite Stück von rechts hat rotbraune Partien in der Schwarte und wird daher ebenfalls ein Überläufer sein. Vorne rechts steht aufgrund des sehr langen und breiteren Kopfes eine weitere Bache, die möglicherweise nicht mehr im Überläuferalter ist. Möglicherweise ist diese Bache das zweite führende Stück in der Rotte. Die Zugehörigkeit der Frischlinge zu einem der beiden stärkeren Stücke (oben beziehungsweise rechts unten) ist zwar wahrscheinlich, aber keinesfalls sicher. Weibliche Frischlinge können mit 20 bis 25 Kilogramm Körpergewicht in ihre erste Rausche kommen und aufnehmen. Dieses Gewicht könnten auch die drei rotfarbigen Stücke auf diesem Bild durchaus haben und damit führend sein.

10

11

12

13

KEILER – ENDE AUGUST

13. Die Waffen sowie der Pinsel sind deutlich erkennbar. Sowohl der Karpfenrücken (vordere Rückenpartie über den Vorderläufen) als auch der Kamelhöcker (hintere Rückenpartie über den Hinterläufen) sind bei diesem Keiler nur sehr schwach ausgebildet. Das Stück ist keinesfalls reif. Ich schätze es auf ein Alter von drei bis vier Jahren. Mittelalte Keiler zeigen oft die höchsten Wildbretgewichte. Sie bringen regelmäßig über 100 Kilogramm auf die Waage. Reife, alte Keiler liegen mit ihren Wildbretgewichten häufig darunter.

14

JUNGER KEILER – MITTE AUGUST

14. Beim Blick unter die Bauchlinie fällt der Pinsel sofort ins Auge. Auch die am Wurf hervorblitzenden Waffen sind eindeutig erkennbar. Das Stück hat aber noch eine eher jugendliche Figur. Die erkennbaren Waffen sind zudem noch sehr kurz. Auch vom Wildbretgewicht ist dieses Stück Schwarzwild nicht sonderlich stark. Weder Kamelhöcker noch Karpfenrücken sind bei dem Stück zu erahnen. Eindeutig kein reifer Keiler! Es handelt sich vermutlich um ein zweijähriges Stück.

15

ALTE BACHE MIT FRISCHLINGEN – ANFANG SEPTEMBER

15. Hier ist die Ansprache und Zuordnung recht eindeutig: Das starke silbergraue Stück ist eine ältere Bache: keine Waffen, kein Pinsel, kein Karpfenrücken, kein Kamelhöcker. Nach einem vermutlich fraßreichen Sommer sind alle Stücke stark im Wildbret. Es handelt sich um eine alte Bache, die mit ihren drei strammen Frischlingen unterwegs ist. Letztere sind beste, bequem zu bergende Sauen für die Küche. Will man hier jagdlich aktiv werden, gilt es selbstverständlich den starken Frischlingen. Sie sind leicht an ihrer geringeren Körpergröße sowie bräunlichen Färbung erkennbar.

KEILER – MITTE AUGUST

16. Ein Klotz von einer Sau! Die Waffen sind aufgrund der Farnwedel nur schwer anzusprechen, die Rückenlinie sieht recht gerade aus – Karpfenrücken sowie Kamelhöcker sind nur zu erahnen. Die helle Partie am rechten Ende des Wildkörpers spricht aber eine deutliche Sprache: Hier treten die Klötze (weiß behaarte Hoden) deutlich in Erscheinung! Insgesamt kommt dieser Keiler mit einer bachenähnlichen Figur daher. Bachen mit Keilerfigur sind deutlich seltener als Keiler mit Bachenfigur. Je älter Keiler werden, desto deutlicher treten in der Regel Karpfenrücken und Kamelhöcker hervor und desto weniger kommen sie mit bachenähnlichen Figuren daher.

ZWEI STARKE SAUEN – MITTE AUGUST

17. Im Vordergrund: Das Stück zeigt einen leichten Karpfenrücken sowie den Ansatz eines Kamelhöckers. Es sind jedoch keinerlei Waffen erkennbar. Die zweite Sau (hinten rechts) zeigt eine für Bachen typische gerade Rückenlinie. Trotz der recht hohen Vegetation müssten normal entwickelte Frischlinge zum Aufnahmezeitpunkt sichtbar sein. Vielleicht laufen aber in der hohen Vegetation auch spät gefrischte „Frösche" umher. Ein genaues Ansprechen der Stücke ist in dieser Situation unmöglich. Beide Stücke sind deshalb tabu!

STARKE SAU – MITTE AUGUST

18. Eine nahezu identische Figur wie der Keiler auf Bild 16. Es handelt sich aber definitiv um ein weibliches Stück. Der Blick zwischen die Keulen sowie unter den Bauch lässt hier keine Zweifel. Das Bild macht deutlich, dass sich Bachen sowie Keiler im Hinblick auf ihre Gesamterscheinung sehr stark ähneln können. Um jagdliche Fehler zu vermeiden, ist deshalb der Blick unter die Bauchlinie beziehungsweise von hinten zwischen die Keulen unerlässlich.

ÜBERLÄUFER – 7. MAI 2017, 19.45 UHR

19. Beim Angehen zum Hochsitz sind bei bestem Licht schon drei rotbraune, magere Überläufer auf der Wiese zu entdecken. Also fertig machen zum jagdlichen Einsatz?

ÜBERLÄUFER – 7. MAI 2017, 20.03 UHR

20. Auf keinen Fall! Zwischen diesen kaum dem Frischlingsstadium entwachsenen jungen Überläufern turnen Frischlinge umher! Wir haben es hier also mit einer Rotte aus jungen Überläuferbachen zu tun (sie sind jagdterminologisch erst knapp über einen Monat dem Frischlingsalter entwachsen), die als Frischlinge rauschig geworden sind und erfolgreich beschlagen wurden. Es ist immer wieder erstaunlich, in was für kindlichen Stadien Wildschweine schon zu Müttern werden – wir müssen diesbezüglich da draußen wirklich höllisch aufpassen!

GROSSROTTE – ENDE JULI

21. Eine kopfstarke Rotte flüchtet im offenen Gelände. Je eine Altbache ist ganz vorn sowie am Schluss der Rotte zu erkennen. Erfahrene Stücke sichern die Rotte bei Gefahr stets vorn sowie hinten ab. Kommt eine derartige Rotte dem Jäger vertraut, sind die braunen Frischlinge eine erstrebenswerte Beute. Eine Zuordnung der Frischlinge zu den adulten Sauen ist in dieser Situation natürlich unmöglich. Doch auch bei einer vertraut brechenden Großrotte, mit solch vielen dunklen, potenziell führenden Sauen, ist das Zuordnen der Frischlinge verdammt schwierig.

KEILER – ENDE DEZEMBER

22. Von diesem Anblick träumt wohl jeder Jäger! Ein kapitaler Keiler im Schnee. Sauen am Tag sind stets etwas ganz Besonderes. In der Winterschwarte wirken Sauen insgesamt uriger und massiger. Bei Keilern korreliert übrigens Waffenstärke kaum mit dem Wildbretgewicht. So sind kapitale, starke und alte Keiler häufig eher schmaler. Neben dem massigen Wildkörper stechen bei diesem Bassen die aufgestellten Rückenhaare ins Auge. Sie betonen den Karpfenrücken.

SERVICE

ZUM WEITERLESEN

Bachmann, Walter; Roosen, Rolf: **Praxishandbuch Jagd.** Kosmos

Bruns, Hans; Sartorius, Otto; Lotze, Karl: **Das Ansprechen des Rehwildes.** Verlag M. & H. Schaper

David, Andreas: **Unter Rehen.** Müller Rüschlikon

Drechsler, Harald: **Altersentwicklung und Altersansprache beim Rotwild.** Paul Parey

Happ, Norbert: **Hege und Bejagung des Schwarzwildes.** Kosmos

Harling, Gert G; Keil, Birte: **Auf Rehe und Sauen.** Kosmos

Herberstein, Paul; Zeiler, Hubert: **Rehwild Ansprechfibel.** Österreichischer Jagd- und Fischerei-Verlag

Herberstein, Paul; Erker, Siegfried: **Schwarzwild Ansprechfibel.** Österreichischer Jagd- und Fischerei-Verlag

Hespeler, Bruno; Krewer, Bernd: **Jung oder alt?** BLV

Hubatsch, Heinz-Dietrich: **Auf der Fährte der Hirsche.** Leopold Stocker Verlag

Fischer, Manfred; Schumann, Hans-Georg: **Schwarzwild: Ansprechen und Bejagen.** Neumann-Neudamm

Fischer, Manfred; Schumann, Hans-Georg: **Rehwild: Ansprechen und Bejagen.** Neumann-Neudamm

Fischer, Manfred; Schumann, Hans-Georg: **Rotwild: Ansprechen und Bejagen.** Neumann-Neudamm

Fischer, Manfred; Schumann, Hans-Georg; Lamster, Heinz: **Ansprechen des Schalenwildes.** VEB Deutscher Landwirtschaftsverlag

Fowles, Larry: **The Complete Deer Stalker.** The Crowood Press Ltd

Hörtnagel, Andreas: **Berghirsche ansprechen.** Leopold Stocker Verlag

Kranabitl, Thomas: **Gams: Bilder aus den Bergen.** Österreichischer Jagd- und Fischerei-Verlag

McIntyre, Neil: **Chasing the Deer.** Sandstone Press Ltd

Menzel, Kurt: **Jagdpraxis Reh- und Rotwild.** Kosmos

Miller, Christine; Corlatti, Luca: **Das Gamsbuch.** Neumann-Neudamm

Möllers, Florian: **Wildschweine.** Kosmos

Ophoven, Ekkehard: **Kosmos Wildtierkunde.** Kosmos

Pfannenstiel, Hans-Dieter: **Schwarzwild.** Kosmos

Rolfes, Willi; Böckermann, Tobias; Borris, Jürgen: **Der Rothirsch.** Müller Rüschlikon

Schumann, Hans-Georg: **Sikawild: Ansprechen und Bejagen.** Neumann-Neudamm

Seibt, Siegfried: **Grundwissen Jägerprüfung.** Kosmos

Siefke, Axel; Stubbe, Christoph: **Das Damwild.** Neumann-Neudamm

Waltmann, Dirk; Matthias, Meyer: **Schwarzwild im Visier.** BLV

Zeiler, Hubert; Herberstein, Paul: **Gamswild Ansprechfibel.** Österreichischer Jagd- und Fischerei-Verlag

Zeiler, Hubert; Herberstein, Paul: **Rotwild Ansprechfibel.** Österreichischer Jagd- und Fischerei-Verlag

DIE AUTOREN

Burkhard Stöcker, geboren 1966 im nordrhein-westfälischen Viersen, beschäftigte sich schon weit vor seinem Studium der Forstwissenschaften mit Natur und Wildtieren. Bereits als Schüler führte Burkhard Stöcker zahlreiche zoologische Kartierungen durch. Während des Studiums erstellte er unter anderem wildbiologische Gutachten. Neben seiner Tätigkeit als Lehrbeauftragter für Ökologie und Ornithologie an der Fachhochschule Eberswalde widmet sich der passionierte Jäger seit mehr als 25 Jahren vor allem der Wildtierfotografie und dem Schreiben von Fachartikeln sowie Büchern. Unter den in Deutschland heimischen Wildtierarten hat es dem gebürtigen Nordrhein-Westfalen vor allem das Rotwild angetan. Ausgiebige Ansitze, ausgerüstet mit Fotokamera und Teleobjektiv, dürfen deshalb insbesondere in der Rotwildbrunft für den leidenschaftlichen Wildtierfotograf nicht fehlen. Neben seinen Büchern schreibt Burkhard Stöcker regelmäßig Fachartikel für diverse Zeitschriften. Für die größte europäische Jagdzeitschrift WILD UND HUND ist Stöcker bereits seit Jahren als fester Referent in Seminaren tätig. In diesen Weiterbildungsveranstaltungen gibt der passionierte Jäger unter anderem sein Wissen rund um das Ansprechen von Rotwild weiter.

Stefan Pfefferle (Jahrgang 1975) ist leidenschaftlicher Bergberufsjäger und Revierkommunikator. Er ist im Allgäu aufgewachsen und fest in dieser Gegend verwurzelt. Jagdlich ist er seit seinem achten Lebensjahr aktiv. Seinen Jugendjagdschein machte er mit 16 Jahren. Von 1998 bis 2000 absolvierte er eine Berufsjägerlehre. Vor dieser Ausbildung erlernte Stefan Pfefferle den Beruf des Schreiners. In der Gesellenzeit war er in Nord- sowie Südamerika tätig. Seit dem Jahr 2000 betreut er ein wundervolles Hochgebirgsrevier in den Allgäuer Alpen. Dort hat er praktisch täglich Kontakt mit Gamswild. In seiner Abschlussarbeit zum Akademischen Jagdwirt (2011) beschäftigte er sich mit der Sichtbarkeit von Schalenwild. Zahlreiche jagdliche Auslandsaufenthalte bereicherten seinen umfangreichen jagdpraktischen Horizont.

DANKSAGUNG

Von den vielen, vielen Menschen, die zum Gelingen dieses Buches beigetragen haben, möchte ich einigen besonderen Dank aussprechen.
Meiner lieben „Mylady“ (Mareike), die mir immer wieder zeigt, dass man mit weiblicher Intuition häufig Wild besser ansprechen kann als mit den schlichten Methoden des schnöden Ansprechhandwerks. Da aber weibliche Intuition nur bedingt erlernbar ist, ist dann doch dieses Buch entstanden.
Meinem lieben Freund Frank Rakow, der zum wiederholten Male bereitwillig sein übergroßes (und sehr fein durch Stichworte erschlossenes) Bildarchiv öffnete – überwiegend vorpommersche Rehe, Hirsche und Sauen bevölkern auch daher zahlreich dieses Buch.
Meinem Autorenkollegen Stefan Pfefferle, der als versierter Bergkenner und -jäger das Gamswildkapitel übernommen hat, da ich da als Flachlandspezi nur „wildestens theoretisiert“ hätte. Er hat (weil ich zeitlogistisch etwas unsortiert war) innerhalb kürzester Zeit ein tolles Gamskapitel hingelegt – danke Stefan!
Meinem lieben Wildfotografenkollegen Karl-Heinz Volkmar, der seit Jahrzehnten die europäische Jagdpresse mit großartigen Bildern versorgt und dies auch beim Ansprechbuch getan hat – was wäre ein Ansprechbuch ohne solche Top-Bilder? Wunderbare Bilder lieferte dankenswerter Weise auch Michael Breuer.
Den Teilnehmern meiner Ansprechseminare und den zahllosen Studierenden, die alle nicht zuletzt durch ihre klugen Fragen und Anregungen immer wieder lebendigen Input gegeben haben. Wer eigentlich mehr von wem gelernt hat oder lernt, ist dabei immer wieder eine spannende Frage!
Prof. Christoph Stubbe danke ich für seine Anregungen zum Damwildkapitel und unseren jahrelangen freundschaftlich-fachlichen Frühstücksaustausch.
Dr. Holger Piegert für die Durchsicht des Mufflonkapitels. Da hätte ich mir auch keinen besseren wünschen können.
Den Berufsjägern Tobias Greiser und Bernd Vogt und den Herren Christian Vorreyer und Norbert Vossen für viele sinnige Gespräche zum Thema.
Und nicht zuletzt natürlich dem Kosmos Verlag, meinem Lektor Markus Lück mit dem die Zusammenarbeit stets eine Freude war und der Verlagsleiterin Buch, Birgitta Barlet, die mir großzügig ein weiteres halbes Jahr Aufschub in diesem Buch-Projekt gewährt hat.

REGISTER

BILDNACHWEIS

Mit 226 Farbfotos von: Adobe Stock (70): (Bergringfoto S. 12; bernard stam S. 20 u. r.; brunok1 S. 11 o. l.; Budimir Jevtic (4) S. 128 o., 129, 130 u., 135; calliam S. 22 o. r.; creativenature.nl S. 17 o.; dominik S. 20 u. l.; Erik Mandre S. 19 u.; fotofabrika S. 11 u.; Frank Fichtmüller (2) S. 122 u., 123 o.; giedriius S. 71 o.; Grewe S. 16; Grubärin S. 10; Headout S. 76; HeinzWaldukat S. 11 o. r.; Himmelreich Photo S. 7; Ion Panaite S. 117 o. l.; Isnurnfoto. S. 130 o. r.; Jacek Jacobi S. 123 u.; Karin Jähne S. 19 o. r.; Klaus Schulz S. 99 r.; Kozma S. 23; LeitnerR S. 95; Liddy Lange (2) S. 18, 26 u.; Lukas (2) S. 90–91, S. 94 M; Lutz S. 19 o. l.; Margit Kluthke S. 24; Martin Bergsma S. 9 u.; Martin (2) S. 94 u., 122 o.; MCibulka S. 4–5; MEISTERFOTO (3) S. 22 o. l.; S. 43 u. r., S. 106–107; Michael Fritzen S. 25; Milan S. 109; Mi St S. 9 o.; Natureimmortal S. 137 o.; paolofusacchia S. 123 2. v. u.; Patryk S. 81 o.; Pavol Klimek S. 132; Piotr Krzeslak S. 6; pixs:sell S. 99 l.; Photo-hunter (2) S. 8 u. l., 44 o.; prochym S. 8 u. r.; Robert Leßmann S. 128 u.; schame87 (2) S. 13, 123 2. v. o.; sebgsh S. 68–69; szczepank S. 14–15; Theodor Negru S. 98 u.; Tomas S. 80; Tom S. 98 o.; VALDET S. 124–125; WildMedia (8) S. 72, 97, 117 u., 122 M., 127 beide, 133, 160; ysbrandcosijn S. 21); Michael Breuer (2): S. 87 u., 88 o.; Markus Lück (3): S. 27 beide, 81 u. r.; Frank Rakow (18): S. 28 beide, 29 beide, 30 o., 31 o., 32 o., 33 u., 34 o., 38 u., 58 r., 60 o., 63 o., 65 u., 66 beide, 67 o., 147 o.; Stefan Pfefferle (15): S. 108, 111 beide, 112, 113 beide, 114, 115, 116, 117 o. r., 118, 119 beide, 120, 121; Shutterstock/WildMedia S. 26 o.; Burkhard Stöcker (82): S. 2, S. 3, S. 17 u., 30 u., 31 u., 32 u., 33 o., 34 u., 35 beide, 36 beide, 37 beide, 38 o., 39 beide, 40–41, 43 u. l., 44 u., 45, 46 o., 47, 48 alle, 50 beide, 51, 53, 54, 55, 56 beide, 57 beide, 58 l., 59 o., 60 u., 61 beide, 62 beide, 63 u., 64 beide, 65 o., 67 u., 71 u., 73, 74, 75, 78, 81 u. l., 85 o., 88 u., 89, 92, 94 o., 104 alle, 105 u., 130 o. l., 131, 134, 137 u., 139, 142 u., 143 alle, 144 alle, 145 alle, 146 beide, 148–149, 150, 151, 152 l., 153, 156; Karl-Heinz Volkmar (36): S. 46 u., 59 u., 82, 83 alle, 84 beide, 85 M. & u., 86 alle, 87 o. & M., 100 beide, 101 alle, 102 alle, 103 alle, 105 o., 140 alle, 141 alle, 142 o. & M., 147 u.
Mit 1 Schwarzweißfoto von Hildegard Pfefferle: S. 152 r.
Mit 6 Illustrationen von Kay Elzner: S. 52, 77, 79, 96, 110, 139

IMPRESSUM

Umschlaggestaltung von Büro Jorge Schmidt unter Verwendung von 2 Farbfotos von Shutterstock/Szczepan Klejbuk (Titelbild) und Frank Rakow (Rückseite).

Mit 229 Fotos und 6 Zeichnungen

Unser gesamtes Programm finden Sie unter **kosmos.de**. Über Neuigkeiten informieren Sie regelmäßig unsere Newsletter, einfach anmelden unter **kosmos.de/newsletter**

Gedruckt auf chlorfrei gebleichtem Papier

ISBN 978-3-440-15068-9
Projektleitung: Markus Lück, Ekkehard Ophoven
Redaktion: Markus Lück
Gestaltungskonzept: Peter Schmidt Group GmbH, Hamburg
Gestaltung und Satz: typopoint GbR, Ostfildern
Produktion: Angela List
Druck und Bindung: Westermann Druck Zwickau GmbH, Zwickau
Printed in Germany / Imprimé en Allemagne